AF309114

# DANGERS

## DES

# TIRS A BLANC

EFFETS DYNAMIQUES ET VULNÉRANTS

DES

## CARTOUCHES A FAUSSE BALLE

PAR

### Le Dr BONNETTE

Médecin-Major de deuxième classe.

PRÉFACE DE M. LE PROFESSEUR NIMIER, DU VAL-DE-GRACE

45 figures dans le texte.

PARIS

A. MALOINE, ÉDITEUR

25-27, RUE DE L'ÉCOLE DE MÉDECINE, 25-27

1907

# DANGERS

### DES

# TIRS A BLANC

# DANGERS

DES

# TIRS A BLANC

EFFETS DYNAMIQUES ET VULNÉRANTS

DES

CARTOUCHES A FAUSSE BALLE

PAR

## Le D<sup>r</sup> BONNETTE

Médecin-Major de deuxième classe.

PRÉFACE DE M. LE PROFESSEUR NIMIER, DU VAL-DE-GRACE

---

**45 figures dans le texte.**

---

PARIS

A. MALOINE, ÉDITEUR

25-27, RUE DE L'ÉCOLE DE MÉDECINE, 25-27

—

1907

MES MAITRES ET AMIS

MM. LES MÉDECINS PRINCIPAUX

# NIMIER, MIGNON, LEMOINE

Professeurs au Val-de-Grâce

*En hommage affectueux.*

D<sup>r</sup> BONNETTE.

Médecin-Major de 2<sup>e</sup> classe.

# PUBLICATIONS DU D<sup>r</sup> BONNETTE

1. Suicide par précipitation. Chutes d'un lieu élevé. Lésions viscérales. Thèse de Lyon, 1893.

2. Traitement du Coup de Chaleur par la Saignée et les injections de sérum artificiel. (in *Caducée*, 1901.)

3. Des pesées paradoxales dans le diagnostic du paludisme chronique et de la cachexie palustre. Leur utilité pour la splénectomie. (in *Caducée*, 1902.)

4. Traitement du paludisme chronique et de la cachexie palustre. (in *Bulletin médical*, 1902.)

5. Hernie étranglée, chez un Arabe nomade, guérie par des injections de caféine, du café à haute dose et des pulvérisations d'éther. (in *Caducée*, 1902.)

6. Les sachets de charbon de paille. Pansement japonais des plaies. (in *Caducée*, 1902.)

7. Plaie pénétrante de l'abdomen par coup d'épée-baïonnette Lebel. Rupture à 18 cm. de la baïonnette enclavée dans le sacrum. Laparotomie latérale. Extraction. Névrite du nerf crural gauche. Guérison. (in *Caducée*, 1902.)

8. Sanatoria pour soldats tuberculeux. (in *Bulletin médical*, 1902.)

9. Blessure mortelle de l'abdomen par coup de feu à blanc. Effets dynamiques et vulnérants des cartouches à fausse balle. (in *Arch. de Méd. et de Pharm. militaires*, 1902.)

10. La dyspepsie alcoolique à la Légion étrangère. Son traitement. (in *Caducée*, 1903.)

11. Trois chutes accidentelles du haut des palmiers dans le Sud Oranais. (in *Caducée*, 1903.)

12. Explosions de cartouches à fausses balles (fusil Lebel). (in *Caducée*, 1903.)

13. Mutilations et maladies provoquées en Algérie. (in *Caducée*, 1903.)

14. Le Péril Vénérien : Sa prophylaxie dans l'Armée française. (in *Gazette des Hôpitaux civils et militaires*, 1904.)

15. L'avenir d'une classe. (in *Caducée*, 1904.)

16. Les urinoirs à huile. (in *Gazette des Hôpitaux civils et militaires*, 1904).

17. La syphilis chez les Arabes. (in *Caducée*, 1904.)

18. Amputation criminelle de la verge chez un jeune Arabe. (in *Caducée*, 1904.)

19. Dangers des tirs de combat collectifs. Blessure de la joue gauche produite par un éclat d'embouchoir à quillon broyé par une balle Lebel provenant du second rang des tireurs. (in *Caducée*, 1904.)

20. De l'emploi des rayons Rœntgen dans les Blessures par coups de feu, pendant les troubles de Chine en 1900. (in *Arch. de Méd. et de Pharm. militaires*.)

# PRÉFACE

## DE M. LE PROFESSEUR NIMIER

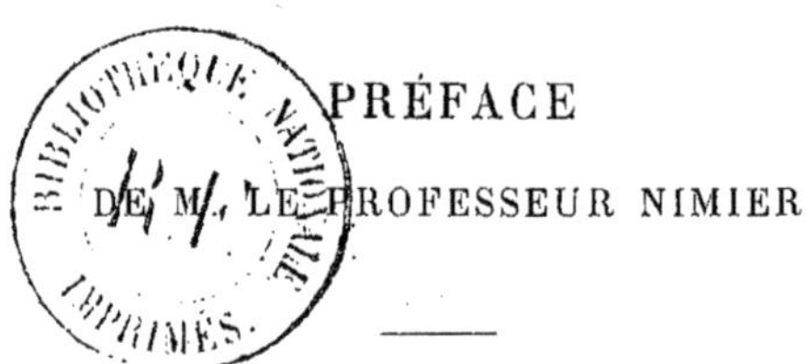


Pour donner aux soldats l'illusion du tir de guerre dans les manœuvres à double action, on les munit de cartouches à fausse balle en carton, dites *cartouches à blanc.*

Mais, si les combattants prennent leur rôle trop au sérieux, si l'un des partis refuse de céder la place à son adversaire, l'attaque et la défense se fusillent à bout portant, et, *par ignorance du danger*, les hommes se font de véritables blessures. A ces traumatismes accidentels, chaque année également, viennent s'en ajouter quelques autres provoqués dans un but de suicide.

C'est dire que les coups de feu à blanc sont loin d'être exceptionnels ; aussi le sujet mérite d'être bien connu des médecins militaires.

Avec sa conscience habituelle, notre camarade le médecin-major Bonnette a traité la question ; il a repris les faits et les recherches de ses anciens, il a fouillé les archives et les publications médico-militaires, il a interrogé nos collègues étrangers, et surtout, avec son ingéniosité bien connue, il a trouvé de nouvelles expériences.

Pour mieux apprécier le pouvoir dynamique du coup de feu à blanc, Bonnette a fait construire un disque dynamométrique qui, recevant le choc du faux projectile et de la gerbe gazeuse, enregistre la pression subie aux diverses distances du tir.

Sur un tableau [1], qui mérite de trouver place dans les chambrées, comme leçon de choses, pour instruire les hommes du danger que crée la non-observance des précautions indiquées, notre camarade a reproduit les dégâts causés par le tir des fausses balles sur des cibles en bois, carton, argile, sur des courges. Dans son travail, il donne en outre les lésions du tir sur des os, sur des cadavres, sur des chiens récemment sacrifiés.

Un chapitre intéressant est consacré aux effets du tir à blanc sur les vêtements militaires : la fausse balle et les gaz, qui la dissocient, déterminent l'éclatement des tissus en de vastes hiatus, ou les abrasent en de larges cratères, désordres vestimentaires bien différents du pertuis taillé à l'emporte-pièce par la balle réelle.

A propos des projectiles *secondaires*, accidentellement introduits dans le canon de l'arme, (gravier, noyau de fruit, bouchon du fusil, etc.) et lancés par le tir d'une cartouche à blanc, Bonnette cite le fait d'une balle Lebel qui, ainsi propulsée, traversa le mollet d'un homme de son régiment. En vue de résoudre la question médico-légale que soulevait la recherche du coupable, notre ingénieux camarade s'est livré à toute une série de recherches sur les déformations verticales de l'étui, les incrustations irrégulières de poudre et de carton, les modifications de

---

[1] *Dangers des tirs à blanc*. Tableau mural avec 7 photographies résumant les méfaits de ces fausses balles. Édité chez Charles-Lavauzelle. — Paris, Limoges.

la rainure de sertissage, suivant que les cartouches à blanc sont normalement tirées ou non.

Signalons encore les expériences relatives aux coups de feu après ablation de la fausse balle, précaution parfois prise dans un but de suicide simulé et malheureusement insuffisante pour assurer la bénignité des lésions produites.

Enfin, dans un curieux chapitre, sont groupées un certain nombre de blessures par les éclats des cartouches à blanc, malencontreusement percutées à l'air libre ou tombées par mégarde dans un feu de bivouac.

Mais nous ne saurions faire plus que d'indiquer ici sommairement les *Dangers des tirs à blanc* : Pour bien connaître ces blessures professionnelles du soldat, nos camarades doivent lire le travail si complet du médecin-major Bonnette qui, une fois de plus, en le rédigeant, a fait œuvre utile.

H. NIMIER,

Médecin principal de 1re classe,
Professeur de Chirurgie d'armée au Val-de-Grâce.

# PRÉFACE DE L'AUTEUR

« Il n'y a rien que les hommes aiment
mieux conserver et qu'ils ménagent
moins que leur propre vie. »

La Bruyère.

De nos jours, toutes les Puissances armées emploient des cartouches à fausse balle pour donner aux soldats l'illusion du combat et pour les habituer au bruit de la mousqueterie.

Trop souvent *ces tirs à blanc sont considérés par les hommes comme ne présentant aucun danger* : aussi les lois de la plus élémentaire prudence sont-elles fréquemment méconnues dans les exercices du service en campagne.

Cependant la statistique de l'armée enregistre en moyenne, tous les ans, 15 à 20 accidents graves, dont 1 ou 2 mortels.

Ces chiffres ont leur éloquence et notre devoir le plus sacré est de tâcher d'en diminuer le nombre, en montrant aux hommes les effets dynamiques et vulnérants de ces cartouches à fausse balle.

Pour ce faire, il faut mettre sous leurs yeux la photographie des dégâts produits par ces faux projectiles aux courtes distances, ou mieux encore, reproduire devant eux quelques-unes de ces expériences si suggestives faites sur courge ou sur argile. Cette leçon de choses frappera vivement leur imagination, éveillera leur attention, leur inspirera la crainte du danger et les rendra ainsi plus prudents.

En somme, il faut que les soldats soient convaincus de cette vérité : « *qu'une arme de guerre, chargée d'une cartouche à balle vraie ou fausse, doit être toujours maniée avec une extrême prudence* ».

La discipline du feu doit être absolue, aussi bien sur un champ de manœuvre que sur un champ de tir : c'est le seul moyen d'éviter les accidents toujours regrettables.

C'est également dans ce but que les Règlements militaires des diverses Puissances prescrivent de cesser le feu dans les manœuvres à double action, « *quand les deux partis se trouvent à 100 mètres l'un de l'autre* ».

D'ailleurs, pour éviter les négligences coupables, et pour prévenir le retour trop fréquent de ces accidents professionnels, la circulaire ministérielle du 9 avril 1901 a édicté, en France, les rigoureuses mesures disciplinaires que voici :

1° *Quelle que soit la nature des cartouches employées, une inspection minutieuse des armes et des cartouchières sera passée avant et après tout exercice de tir.*

2° *Le gradé passant l'inspection des armes devra s'assurer plus particulièrement qu'il ne reste plus de cartouches dans le magasin du fusil.*

3° *A l'avenir, toute négligence qui entraînera un accident grave aura pour conséquence la mise en non-activité de l'officier responsable ou la cassation du gradé.*

Aussi, la gravité de ces traumatismes, comme la gravité des peines encourues, imposent-elles aux officiers l'impérieux devoir de redoubler de précautions et d'enseigner aux soldats les effets dynamiques et vulnérants de ces fausses balles.

N'est-il pas en effet fâcheux et surprenant qu'on puisse encore, de nos jours, répéter avec le capitaine autrichien, Franz Deubler : « *que l'ignorance du danger des tirs à blanc est la source principale de ces accidents* ».

Un pareil reproche ne devrait plus pouvoir être adressé à

l'armée, et, pour ce motif, il faudrait que dans les Ecoles militaires préparatoires, les officiers fussent instruits sur les méfaits, si souvent méconnus ou dédaignés, de cette fausse balle.

Mieux informés, les capitaines compléteraient en cela l'éducation du soldat, *si insouciant par nature, qu'il soit d'intelligence fruste ou d'esprit cultivé* (DUJARDIN-BEAUMETZ), en leur montrant les dégâts produits par ces projectiles d'exercice sur quelques cibles.

*Le souvenir des yeux n'est-il pas, en effet, supérieur au souvenir des mots !*

Enfin, nous souhaiterions que nos Traités de Chirurgie d'Armée fussent également moins laconiques sur ces traumatismes, qui ont pourtant une physionomie bien spéciale et une tendance très prononcée aux complications septiques ou tétaniques.

Pourquoi l'étude du projectile réel ne serait-elle pas complétée par celle de cette fausse balle, qui est sa remplaçante dans les manœuvres du temps de paix ?

C'est donc pour combler cette lacune, que nous avons recherché dans la littérature médicale tous les méfaits produits par les cartouches d'exercice, que nous avons groupé, comparé ces traumatismes, afin de mieux apprécier les effets dynamiques et vulnérants des tirs à blanc.

Nous avons également reproduit toutes les expériences déjà faites par nos aînés sur des cibles en bois, carton, courge, argile, os, chiens, cadavres, etc... ; nous avons calculé sur une plaque dynamométrique la force restante de la colonne gazeuse aux diverses distances du tir ; nous avons résumé les observations publiées, en notant les circonstances de l'accident, la distance de l'arme et les résultats de l'intervention ou de l'autopsie ; enfin, nous avons relaté *in extenso* les observations inédites, que nous avons trouvées dans les Archives du Comité technique de santé, ou qui nous ont été gracieusement communiquées par nos camarades : de tous ces faits recueillis, analysés, com-

mentés, il nous sera permis de tirer quelques conclusions nettes, précises, qui constitueront un véritable enseignement sur
« *les dangers des tirs à blanc* ».

*<br>* *

En somme, tous ces résultats cliniques et expérimentaux prouvent surabondamment *que les cartouches à fausse balle sont
loin d'être inoffensives, comme on est trop porté à le croire.*

La publication de ce travail aurait déjà une heureuse conséquence, comme le disait notre Maître, M. le médecin-inspecteur
Robert : « si elle empêchait un homme de se tirer à lui-même
ou de tirer sur son voisin un coup de fusil à bout portant avec
une cartouche à blanc, dans la conviction qu'il ne peut s'en-
suivre aucun mal. »

Puisse la lecture de ces pages inspirer à nos soldats quelque
crainte, à nos camarades quelque intérêt !

Notre récompense serait trop grande si nous pouvions contri-
buer ainsi, pour une faible part, à conserver intact le capital
humain que le Pays confie à nos soins !

D<sup>r</sup> BONNETTE,

Médecin-major de 2<sup>e</sup> classe.

A Jersey, le 1<sup>er</sup> août 1906.

# DANGERS DES TIRS A BLANC

## CHAPITRE PREMIER

Historique des tirs à blanc. — Enumération des travaux publiés sur les dangers de ces tirs. — Coups de feu à blanc dans les fêtes populaires, en médecine légale. — Fréquence de ces blessures dans l'armée. — Répartition de ces blessures par régions anatomiques. — Suicides. — Mutilations par coups de feu à blanc. — Principales circonstances dans lesquelles se produisent ces accidents.

### A. — HISTORIQUE DES TIRS A BLANC

Durant la paix, l'Armée a toujours préparé la guerre, en faisant des manœuvres à double action, en faisant le simulacre de vrais assauts : aussi, après l'invention de la poudre, songea-t-elle à « *la faire parler* », à tirer à blanc dans ces combats simulés, pour les rendre plus intéressants et plus semblables à la réalité.

Sans nul doute, dans les anciennes armées de métier, ces tirs à blanc devaient produire de temps en temps quelques accidents, mais ils étaient rares et, en outre, nos camarades ne s'attardaient pas à relater de pareilles blessures.

Dans les Traités classiques « *des Playes d'armes à feu* » de LEDRAN et de RAVATON, nous n'avons trouvé aucun cas de blessure par coup de feu à blanc. Seul, GOULARD, dans ses *OEuvres de Chirurgie*, publiées en 1763, signale deux observations « communiquées l'une par SOULIER, chirurgien-major du régiment de Bigorre, et concernant un caporal qui fut ainsi brûlé par la poudre d'un coup de feu à blanc reçu en plein visage, brûlure que l'eau blanche guérit radicalement, sans cicatrice difforme ; — l'autre, par DELAN, chirurgien-major du régiment de Bresse et concernant un canonnier qui, en refoulant une gargousse dans le canon, fut assez malheureux pour que le feu prît à la poudre et, comme il se trouvait à l'embouchure de la pièce, il en eut la moitié de l'avant-bras et la main brûlés. L'eau blanche fit également cicatriser promptement ces brûlures ».

Sous le Premier Empire, NAPOLÉON, ce grand consommateur d'hommes et de munitions, répétait souvent « *qu'un homme n'est pas un soldat* », et il conseillait à ses généraux de faire exercer les recrues d'abord aux tirs à blanc, puis aux tirs réels.

Aussi Kellermann, qui était placé à la tête des dépôts de conscrits, donna-t-il les prescriptions suivantes :

« A partir du 1ᵉʳ novembre, les commandants de tous les corps stationnés dans les 5ᵉ et 26ᵉ divisions feront exercer et tirer les recrues avec des cartouches d'exercice. Ils feront tirer par un, par deux, puis en plus grand nombre. Enfin, ils feront exercer à tirer sur trois rangs et par pelotons. Lorsque les conscrits seront bien *exercés au tir sans balle et par peloton*, les conseils d'administration feront faire des cibles et il sera fourni 20 cartouches par homme, s'il est nécessaire. »

Aux yeux de Napoléon, le tir avait une importance capitale, car il répétait sans cesse : « Il ne suffit pas que le soldat tire, il faut qu'il tire bien. » (*Soldat Impérial*, de J. Morvan.)

Après les sanglantes journées de 1830, le célèbre Professeur DUPUYTREN consacra plusieurs leçons mémorables « *aux blessures par la poudre à canon et les armes à feu* ».

« La poudre seule, dit-il, *enflammée à l'air libre*, détermine une légère explosion et n'a que de faibles effets de projection. *Comprimée*, elle tire une force très grande de la résistance opposée par les corps qui la compriment à l'expansion des gaz qu'elle produit. » « Et, si à la poudre se trouve jointe une bourre dans les armes à feu, les effets de cette poudre se trouvent augmentés dans une proportion effrayante. *La bourre devient alors un projectile capable de tuer à petite distance, aussi bien qu'une balle. »*

A ce sujet, il cite le cas d'un garçon qui tente de se suicider, en se tirant un coup de pistolet, chargé à blanc, dans la bouche. — Guérison.

Celui d'un homme qui, au cours d'une querelle, tire à blanc sur son voisin, presque à bout portant, au niveau de l'abdomen : l'intestin grêle fut intéressé. — Mort rapide.

Celui d'un marchand de vin qui tire à blanc, à six pas environ, sur un enfant, pour l'effrayer : plaie pénétrante au flanc droit ; péritonite et mort le 15e jour. — Le fusil était chargé simplement à poudre et à bourre.

Enfin, il cite le cas d'un de nos jeunes confrères qui, au retour de la chasse, croit avoir enlevé toute la poudre de son fusil et veut faire peur à une femme, qu'il blesse ainsi à la face.

« Mais ces effets, ajoute-t-il, sont légers, si on les compare à ceux qui résultent d'un coup de canon tiré à blanc. *Tous les ans, des canonniers ou des curieux sont tués sur place par l'effet de la seule force d'expansion de la poudre concentrée et dirigée vers un même point.* »

Ce malheur arrivait encore quand jadis on visitait l'intérieur des pièces avec une chandelle allumée. *Paré* cite aussi le fait de cet allemand, qui fit tomber une étincelle dans un mortier contenant de la poudre et un caillou. Cette pierre sauta en haut *« ce qui l'estonna et lui apprit la force de cette matière non cogneuë auparuant »*.

*En 1833*, le chirurgien aide-major FORGEMOL note également le cas d'un artilleur qui, pendant qu'il avait la main enfoncée dans un petit mortier de huit pouces, dans lequel il venait d'introduire la charge de poudre (sept onces) et se préparait à mettre la bourre, fut victime d'une explosion.

Les os de la main, emportée en totalité, firent mitraille et blessèrent mortellement le soldat.

Ces fragments étaient comme encastrés dans les masses pectorales et avaient violemment contusionné le poumon gauche.

« Ce fait, ajoute Forgemol, est un exemple de la force extra-

ordinaire avec laquelle sont lancés, et que peuvent, par conséquent, communiquer les corps mis en mouvement par l'explosion de la poudre à canon. » (*Arch. Méd. M<sup>re</sup> t. XXIX.*)

*En* 1836, le D<sup>r</sup> LACHÈSE publia un certain nombre d'expériences qu'il fit avec les armes alors en usage, chargées à blanc.
Il trouva que les blessures ainsi faites étaient la plupart sans
gravité.

A la même époque, le D<sup>r</sup> SWIFT fit des expériences avec un
pistolet chargé à blanc et il prétendit qu'une plaie pénétrante
n'était plus possible au-delà de 6 pouces.

*En* 1849, le D<sup>r</sup> DUVAL cite l'observation d'un enfant qui fut
atteint d'une large plaie au ventricule droit par un coup de pistolet, tiré à un pied de distance et chargé d'une bourre de papier
fortement tassée.

*En* 1867, le D<sup>r</sup> MAKINTOSCH constatait qu'à deux yards (1<sup>m</sup>82),
avec une charge assez forte, la bourre traversait les vêtements
et pénétrait dans le corps à plus d'un pouce et demi.

*En* 1858, dans son magistral rapport sur l'état sanitaire du
camp de Châlons, le baron H. LARREY cite quelques cas de
brûlures du dos de la main droite, produits par des coups de feu
à blanc tirés du second rang, « *avec une précipitation mala-
droite.* »

A ce sujet, il rappelle l'histoire des mutilés de Bautzen et de
Lutzen, qui, ne s'agenouillant pas dans les tirs à balle sur
trois rangs, étaient blessés par leurs camarades des rangs postérieurs.

En outre, l'illustre chirurgien raconte l'émouvant récit de
deux artilleurs gravement blessés, *en refoulant une gargousse
avec l'écouvillon.* La poudre de la charge prit feu, brisa en
éclats l'instrument en bois, projeta les morceaux avec violence
contre les deux artilleurs, qui tombèrent l'un sur l'autre.

Le premier servant de droite avait l'avant-bras droit ainsi
que la main tellement mutilés, que l'amputation fut décidée et
pratiquée sur-le-champ.

Le servant de gauche fut moins sérieusement blessé et guérit sans complication.

*
* *

Avec les anciennes armes se chargeant par la bouche, le tireur déchirait avec ses dents la cartouche contenant la balle et la poudre, versait cette dernière dans le canon et la tassait à l'aide de la baguette, en refoulant par-dessus, comme bourre, soit le papier seul pour les tirs à blanc, soit le papier et la balle pour les tirs réels.

Dès 1860, la plupart des Puissances Européennes adoptèrent *des armes rayées, de calibre réduit* (11 millimètres), *se chargeant par la culasse.*

A cette époque, la France mit en service le fusil Chassepot ou fusil à aiguille, dans lequel on utilisait [des cartouches à blanc pour les manœuvres à double action.

« La bourre de ces armes chargées à blanc, la poudre elle-même, écrivait Legouest, en 1863, dans son *Traité de Chirurgie d'Armée*, peuvent jouer le rôle de projectiles et déterminer de graves blessures, lorsque les coups de feu sont tirés de près. *Non seulement les grains de poudre qui ont échappé à la combustion pénètrent, à une petite profondeur il est vrai, les parties qu'ils frappent, mais encore le choc des gaz, qui s'échappent de l'arme, détermine des contusions profondes et des plaies contuses de la plus haute gravité.* »

*En* 1874, la France adopta un autre fusil de guerre de 11 millimètres (fusil Gras, M^le 1874), dans lequel la cartouche métallique remplaça la cartouche combustible.

Après la guerre, les tirs à longue portée étaient précédés d'une période de tirs à courte distance, qui s'exécutaient dans les cours et les chambres des casernes.

Pour ces tirs à blanc, on utilisait l'ancien fusil Chassepot, M^le 1866, sur la bouche duquel on fixait un tube en acier (*tirs au tube*).

La cartouche employée ne contenait que 1 décigramme de poudre, le projectile pesait un gramme.

Le diamètre du projectile, dit Coustan, était légèrement supérieur à celui du tube et celui-ci étant rayé, la balle était forcée et animée d'un mouvement de rotation sur l'axe postéro-antérieur.

Cette balle possédait une force de pénétration remarquable. Ainsi d'après notre camarade Albert (*Recueil de Méd. M*^re, *1878*), « à 10 centimètres elle s'aplatissait sur une plaque de fonte ; à 40 mètres, elle n'avait pas encore modifié sa trajectoire et sa portée dépassait 200 mètres. »

Plus tard, vers 1878, on créa de nouvelles cartouches à blanc, en introduisant, dans les étuis métalliques de rebut, 4 grammes de poudre noire ordinaire, maintenue à l'aide d'une simple rondelle de carton.

Ces cartouches à blanc étaient capables de produire, aux courtes distances, des blessures très graves, et personnellement nous avons vu un Tirailleur indigène qui fut tué, presque à bout portant, par un de ces projectiles d'exercice.

*En* 1886, l'armée française adopta, ainsi que toutes les autres Puissances, un nouveau fusil de guerre à calibre plus réduit encore (8 millimètres), à trajectoire plus tendue et possédant un magasin pour feux à répétition (fusil Lebel).

Ces armes à répétition forcèrent les autorités militaires à chercher *un faux projectile simulant la vraie balle, ayant des dimensions semblables, promptement volatilisable et enfin suffisamment résistant pour ne pas s'écraser dans le magasin ou dans les cartouchières et ne pas gêner par ses déformations le fonctionnement du mécanisme à répétition.*

Après de nombreux essais, les unes choisirent *des projectiles en bois creux,* les autres *des balles en carton roulé et embouti.*

En outre, avec la poudre noire, la fabrication de ces cartouches d'exercice ne présentait aucune difficulté, car cette poudre s'enflammait promptement, en produisant une forte détonation. Au contraire, avec la poudre sans fumée et à combustion lente, la détonation était trop faible : *aussi fut-on obligé de trouver une poudre sans fumée plus inflammable et plus brisante* que la poudre pelliculaire, colloïdale, utilisée dans les munitions de guerre.

En nécessitant l'emploi de ces fausses balles, on peut donc dire que *l'adoption des fusils à répétition a augmenté les dangers des tirs à blanc.*

D'ailleurs, aux courtes distances, les méfaits de ces cartouches à fausse balle ont toujours existé, car la poudre seule, en déflagrant dans un canon de fusil, est capable de produire des blessures très graves, même mortelles, comme l'ont constaté nos camarades Frilet et de Lignerolles chez leurs suicidés.

Et si, dans le passé, les accidents de ce genre étaient peu fréquents, c'est que les hommes allaient rarement aux exercices du service en campagne. En outre, la presse ne s'occupait guère des faits et gestes de cet agrégat social, alors si fermé et si distinct de la nation.

Mais, après les désastres de 1870-71, *le service militaire devint obligatoire pour tous les Français*, et l'armée, songeant à la revanche, se livra à de fréquentes manœuvres. Dès lors, ces blessures professionnelles furent plus souvent observées ; la presse les divulgua et nos camarades recueillirent avec soin ces faits cliniques.

*⁎*
*⁎ ⁎*

### *B.* — ÉNUMÉRATION DES DIVERS TRAVAUX PUBLIÉS SUR LES DANGERS DES TIRS A BLANC

Nous allons maintenant passer en revue les divers travaux qui ont paru, tant en France qu'à l'étranger, sur les effets dynamiques et vulnérants de ces fausses balles :

*En* 1888, Eichel nous relate le fait d'un jeune soldat allemand, qui se tire un coup de feu à blanc dans la bouche : — Désordres considérables de la face. — Enucléation de l'œil. — Guérison.

*En* 1892, Atkinson, aux Indes, cite un cas mortel par coup

de feu à blanc avec le Martiny-Henry. A la suite de cet accident, notre camarade eut l'idée de faire quelques tirs sur des morceaux de drap, à différentes distances : à deux doigts (0,05 centimètres) le tissu était troué sans traces de brûlure ; à trois doigts (0,075) perforation avec légère collerette de brûlure ; à douze doigts (0,25 centimètres) plus de perforation, mais l'étoffe est brûlée sur un assez grand espace.

*En* 1894, Nimier recueille quatre observations de blessures par coups de feu à blanc, compliquées toutes de tétanos mortel.

*En* 1895, Dupeyron relate un coup de feu à blanc, grave, de la face. — Il fait quelques expériences sur des cibles en papier.

*En* 1896, Bergasse observe une blessure mortelle du foie. — Annequin cite deux accidents sérieux et fait connaître, dans un travail très documenté, ses expériences sur des planches de sapin.

*En* 1897, Chupin constate une plaie pénétrante de l'abdomen. — Laparotomie latérale. — Guérison. — A ce propos, notre camarade fit quelques tirs à blanc sur des cadavres.

En résumant ces expériences devant la Société de Chirurgie de Paris, M. le Professeur Michaux disait : « Il est bon de faire connaître ces faits pour permettre de mieux les éviter. Ces expériences démontrent une fois de plus les graves dangers des cartouches à blanc, tirées à très petite distance, particulièrement dans les cas où les gaz explosifs rencontrent une surface osseuse, comme dans la région sternale ou iliaque. »

La même année, Bazin et Ligouzat observent une tentative de suicide, la bouche du fusil appliquée sous le menton.

Boppe relate aussi trois accidents sans gravité et nous fait part de ses expériences sur des cibles d'argile, qui montrent bien l'action explosive des gaz aux courtes distances.

Lefort, dans la *Revue de Gynécologie et de chirurgie abdominale*, étudie les plaies de l'abdomen produites par ces cartouches à fausse balle.

Mais le meilleur travail d'ensemble sur ces traumatismes appartient à la plume concise et bien documentée de notre camarade et ami, le capitaine d'artillerie FRANZ DEUBLER, qui fit paraître, en 1897, une bonne monographie sur « *les Dangers des tirs à blanc dans l'armée Austro-hongroise* ».

Dans cette brochure(¹), nous trouvons consignées d'abord les expériences qui ont été faites en Autriche pour atténuer les effets dynamiques de leur projectile d'exercice, puis la statistique de ces accidents relevés pendant dix ans et enfin l'énumération de vingt cas de tétanos mortel, qui ont compliqué ces blessures professionnelles.

*En* 1898, CHAVIER signale une plaie perforante de la région postérieure du thorax. — FRILET et TOUSSAINT deux suicides avec éclatement de la boîte crânienne. — DE PRADEL, dans la *France médicale*, cite un cas de blessure mortelle de l'abdomen et un arrachement d'un pied et d'un orteil à deux artilleurs, durant le flambage d'une pièce de canon, chargée à blanc.

*En* 1899, NIMIER et LAVAL publient sur ce sujet une excellente étude d'ensemble, résumant tous les faits alors connus.

*En* 1900, notre camarade et ami, de l'armée bulgare, le Dʳ STOYANOFF, dans une thèse inaugurale, soutenue à Nancy, rappelle à nouveau toutes les observations déjà citées et relate quatre blessures inédites par coups de feu à blanc, dues à l'obligeance de son maître, M. le médecin principal FÉVRIER (un suicide en plein front, deux accidents légers du cuir chevelu et du mollet, enfin une plaie pénétrante de l'abdomen, compliquée de péritonite mortelle). En outre, il signale l'explosion à l'air libre d'un étui de cartouche à blanc trouvé et malencontreusement perculé avec une pioche par un civil.

Au cours de la même année, HENNE soutient à Bâle une bonne thèse, dans laquelle il consigne les accidents par coups de feu à blanc, survenus depuis dix ans dans l'Armée Suisse. Henne retrace là les expériences qu'il a faites sur des blocs de savon mou et sur des cadavres.

*En* 1901, VINSAC expose trois nouveaux accidents (bras, poignet, main), dont deux ont motivé deux réformes n° 1 avec pen-

---

(¹) Brochure traduite par le capitaine Dumontet et Nous. Elle a été éditée chez M. Charles-Lavauzelle. (Paris, Limoges), en 1906.

sion de retraite (6ᵉ classe), — EYMERI, dans le *Limousin médical*, signale une blessure transmétacarpienne grave, reçue au cours d'une manœuvre à double action.

*En* 1902, MAFFRE observe une blessure grave à la cuisse et, grâce à l'étude des déchirures vestimentaires, notre camarade arrive à démontrer que le blessé n'a pas été attaqué, mais qu'il s'est simplement mutilé, presque à bout portant, avec une cartouche à blanc.

A notre tour, nous publions, dans les *Archives de Médecine militaire* de cette année-là, une plaie pénétrante de l'abdomen avec rupture du gros intestin, au niveau de son coude splénique. — Hémo-abdomen consécutif. — Mort. — Ce décès nous suggère l'idée de faire quelques recherches et quelques expériences sur les effets dynamiques et vulnérants de nos cartouches à fausse balle.

Le Dʳ DE MESTRAL, sous l'éminente direction de son maître, M. le Professeur Tavel, à l'Institut bactériologique de Berne, fait une excellente étude comparative du projectile suisse en bois creux et du projectile français en carton. Ses recherches ont en outre porté sur les complications tétaniques de ces plaies anfractueuses.

*En* 1903, le Dʳ DAUTHUILE, dans le *Caducée*, raconte l'extraction d'une fausse balle, qui avait pénétré sans déformation dans la cavité orbitaire, à travers la paupière supérieure droite.

LE GUELINEL DE LIGNEROLLES nous retrace l'histoire d'un Légionnaire qui s'est suicidé avec une cartouche à blanc, *de laquelle il avait préalablement retiré la fausse balle.*

*En* 1904, FRILET nous donne l'observation d'un suicide semblable, par cartouche à blanc, *sans fausse balle*, tirée dans la région du cœur.

Enfin, *en* 1906, MAFFRE cite l'histoire d'un chasseur à cheval de Limoges, qui reçut à bout portant, dans l'aisselle gauche, un coup de feu à blanc de sa carabine sur laquelle il s'appuyait, pour se relever de terre. — Hémothorax abondant, hémoptysies ; légère amélioration pendant six jours, puis tétanos mortel suraigu.

* *

En Autriche, Zimmermann signale une plaie perforante du thorax, heureusement terminée par la guérison.

En Allemagne, notre camarade et ami, le Dʳ Helbig, cite plusieurs accidents produits par ces cartouches à blanc, et expose les divers essais qu'il a entrepris pour rendre ces projectiles d'exercice inoffensifs. A ce sujet, il faut consulter son travail sur « *les Dangers des tirs à blanc* », paru dans le 8ᵉ cahier de la 1ʳᵉ année de la *Revue technique militaire* de Hartmann (Berlin, 1898, p. 364).

*En 1900*, le stabsarzt Dʳ Stuckert publie un cas de blessure grave du foie avec perforation de la plèvre, du diaphragme et éclatement stellaire du parenchyme hépatique, blessure qui guérit. — Adhérences consécutives et communication avec le gros intestin. — Large incision. — Tamponnement. — Restauration complète. — Réforme.

Au dernier Congrès de chirurgie allemande (mars 1906), le stabsarzt Dʳ Klett attire encore l'attention sur une nouvelle blessure du foie par coup de feu à blanc, qui se termina par la guérison. Lui aussi, malgré la gravité bien connue de ces plaies perforantes intrahépatiques, fut assez heureux pour sauver son blessé, en incisant largement la plaie et en tamponnant l'excavation.

A une récente réunion des médecins militaires de Carlsruhe (1906), le stabsarzt Franke rend également compte d'une blessure à blanc par « *coup d'eau* » (*Wasserschufverletzung*), en plein front. Ce genre de suicide très spécial n'a pas encore été observé chez nous.

Enfin, le Médecin-inspecteur général Schjerning vient de publier une statistique sur les blessures par coups de feu à blanc, qu'il a relevées en Allemagne, de 1881 à 1902, et parmi lesquelles 34 cas se sont compliqués de tétanos, avec 7 survies seulement.

*
* *

### C. — COUPS DE FEU A BLANC DANS L'ÉLÉMENT CIVIL

(FÊTES POPULAIRES. — MÉDECINE LÉGALE)

Il semble que les coups de feu à blanc devraient être l'apanage exclusif des manœuvres militaires ; or, il n'en est rien, car dans les cirques, les réjouissances populaires (14 juillet et fêtes locales), il n'est pas rare d'observer des brûlures graves et des tatouages par des grains de poudre dûs à l'explosion de pétards, de pistolets d'enfant, d'armes à feu chargées à blanc.

Nos voisins d'Outre-Mer, au patriotisme ardent, excellent dans ce genre de sport. En effet, d'après les informations de l' « *American Medecine* », on sait que le 4 juillet 1904, jour de l'anniversaire de leur Indépendance, 142 personnes furent tuées et 3.500 blessées par ces tirs imprudents, dans les rues des principales villes des États-Unis. Le tétanos fit en outre 90 victimes parmi ces blessés.

Ces tristes résultats nous ont été confirmés par notre distingué camarade, le Surgeon General LAGARDE, de Washington.

En *médecine légale*, les blessures produites par des armes ne contenant que de la poudre et une bourre, n'ont pas l'importance de celles que produit un projectile. « Néanmoins, dit PHILOUZE, les désordres considérables, qui peuvent résulter d'un coup de feu à blanc ainsi tiré, méritent de fixer l'attention du médecin-expert. »

Aussi, en 1897, ce confrère consacre sa thèse inaugurale à l'étude *des coups de feu sans projectiles des armes de poche*. Il étudie l'influence de la distance, de la charge, de la bourre, de la région et de la direction de l'arme, et nous montre que « les lésions peuvent ainsi varier, depuis la simple brûlure de la peau ou des vêtements, jusqu'à des déchirures considérables, intéressant la peau, les tissus musculaires et osseux. »

Philouze constate aussi que les *tirs obliques* même faits à bout portant, ne produisent que des lésions légères, tandis que *les tirs perpendiculaires*, occasionnent des blessures très graves, surtout dans les régions où la peau est soutenue par un plan osseux.

Puis, il cite l'observation d'un individu furieux qui, saisissant sa femme par le bras, lui tira, dans la région deltoïdienne, un coup de feu à blanc d'un pistolet, chargé de 2 grammes de poudre et d'une bourre de papier buvard, imbibé d'eau et fortement tassé.

La peau du bras fut largement déchirée, les muscles broyés et l'humérus fracturé. — A l'hôpital, il suffit de sectionner quelques lambeaux de muscles, pour que l'amputation fût complète.

Mais, comme le fait remarquer notre camarade Lefort, « les expériences de M. Philouze ne sont pas applicables aux armes de guerre, car à 7 centimètres, ces armes de poche ne produisent plus rien, tandis que nos fusils Lebel produisent encore, à cette distance, des blessures mortelles. »

Ces méfaits des tirs à blanc devraient donc être aussi bien connus dans le public que dans l'armée.

En effet, « n'est-il pas malheureux, comme l'écrit Taylor dans son *Traité de Médecine légale*, de voir qu'il règne une telle ignorance sur ce point, car *des accidents mortels sont causés fréquemment par des personnes qui déchargent des fusils sur d'autres personnes, en plaisantant, actes qu'elles pensent pouvoir accomplir sans danger, parce que l'arme n'est pas chargée avec une balle, ni avec du plomb.* »

En un mot, la presse devrait attirer l'attention du grand public sur les dangers de ces tirs, et *les instituteurs comme les instructeurs militaires, devraient enseigner aux jeunes gens la crainte de la poudre et le maniement prudent des armes à feu, même chargées à blanc.*

* *

### D. — FRÉQUENCE DE CES BLESSURES PROFESSIONNELLES DANS L'ARMÉE

#### (STATISTIQUES MÉDICALES FRANÇAISE ET AUTRICHIENNE)

Depuis l'adoption des armes à répétition, ces accidents professionnels semblent avoir notablement augmenté.

a) *En France*, la statistique médicale de l'armée en fait une mention spéciale depuis 1893 seulement. Dans ces onze ans (de 1893 à 1903 inclus), elle signale 146 cas ainsi répartis :

COURBES DES BLESSURES ET DES DÉCÈS PAR COUPS DE FEU A BLANC (FRANCE). — (Fig. 1).

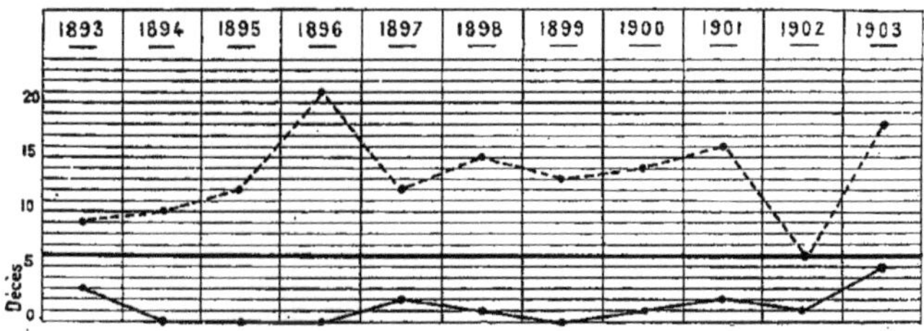


Ces 146 blessures graves ont causé 14 décès.

De plus, pour mieux faire ressortir l'importance des dangers encourus dans ces tirs, nous avons dressé, à l'aide de la statistique, un tableau comparatif : 1° *des blessures par coups de feu à blanc ;* 2° *des blessures par explosion ou éclatement d'armes ou d'obus ;* 3° *des blessures par balles.* (V. p. 16 et 17.)

Ce tableau mérite d'être consulté, car il montre, tant au point de vue de la mortalité, que des réformes n° 1, avec gratifications renouvelables ou pensions de retraite obtenues, la gravité de ces traumatismes et les conséquences pécuniaires assez lourdes qu'ils entraînent pour le Trésor.

Enfin, dans la récente statistique médicale des troupes coloniales (année 1903), nous avons relevé deux blessures par coups de feu à blanc, ainsi résumées :

| BLESSÉS | | NATURE du traumatisme. | CIRCONSTANCES du traumatisme. | MODE de terminaison. | CONSÉQUENCES au point de vue du service. Réformes, retraites, etc. |
| --- | --- | --- | --- | --- | --- |
| Corps. | Grade. | | | | |
| 2ᵉ régiment d'infanterie coloniale. | Soldat de 2ᵉ classe. | Mutilation du pouce de la main gauche ayant entraîné la résection de la 1ʳᵉ phalange. | Aux grandes manœuvres a fait partir le coup de feu, le pouce étant placé sur l'extrémité du canon. | Guérison. | 15 jours d'hôpital. Réf. nᵒ 2. |
| Id. | Caporal. | Coup de feu à blanc de la région sus-thyroïdienne. | En jouant avec un camarade. | Id. | 94 jours d'hôpital, congé de convalescence de 2 mois. |

*<br>* *

*En Autriche-Hongrie*, la proportion de ces blessures professionnelles est encore plus élevée, à en juger par la statistique du capitaine Franz Deubler, qui, durant son séjour au ministère de la Guerre, put recueillir ces chiffres dans les documents officiels du Comité technique de santé.

Notre camarade fait suivre cette statistique des réflexions suivantes : « En 1888 et 1889, le nombre des cas de blessures par cartouches à blanc semble faible, en comparaison des dernières années. Bien que la raison de ce fait se trouve dans le plus grand nombre de cartouches tirées et dans les effectifs plus importants, qui ont pris part aux manœuvres, il est cependant certain que les chiffres des années 1888 et 1889, jusqu'à 1892, sont inférieurs à la réalité. Les années 1893 jusqu'à fin 1896 donnent des chiffres plus rationnels. »

C'est aussi dans ce travail que Deubler expose les expériences, entreprises à Vienne par une Commission technique spéciale, qui fut chargée d'étudier et de déterminer les effets dynamiques et vulnérants de leurs cartouches à fausse balle.

TABLEAU COMPARATIF DES BLESSURES PROFESSIONNELLES D'APRÈS LES CHIFFRES FOURNIS PAR LA STATISTIQUE MÉDICALE DE L'ARMÉE, DEPUIS L'ANNÉE 1893 JUSQU'EN 1903

| ANNÉES | DÉSIGNATION DES BLESSURES | BLESSURES par coups de feu à blanc. | | | BLESSURES par éclatement d'armes, d'obus, etc. | | | BLESSURES par balles | | | CAUSES DU DÉCÈS par cartouches à blanc. |
|---|---|---|---|---|---|---|---|---|---|---|---|
| | | Nombre. | Décès. | Réformes, Retraites. | Nombre. | Décès. | Réformes, Retraites. | Nombre. | Décès. | Réformes, Retraites. | |
| 1893 | Blessures par coups de feu à blanc. | 9 | 2 | » | » | » | » | » | » | » | Un cas de tétanos (face). |
| | — par explosion d'armes, d'obus. | » | » | » | 15 | 5 | » | » | » | » | Un cas de péritonite. |
| | — par balles . . . . . . . . | » | » | » | » | » | » | 36 | 6 | » | |
| 1894 | Blessures par coups de feu à blanc. | 10 | » | » | » | » | » | » | » | » | |
| | — par explosion d'armes, d'obus. | » | » | » | 12 | 1 | » | » | » | » | |
| | — par balles . . . . . . . . | » | » | » | » | » | » | 19 | 3 | » | |
| 1895 | Blessures par coups de feu à blanc. | 12 | » | » | » | » | » | » | » | » | |
| | — par explosion d'armes, d'obus. | » | » | » | 16 | » | 3 | » | » | » | |
| | — par balles . . . . . . . . | » | » | » | » | » | » | 24 | 5 | 3 | |
| 1896 | Blessures par coups de feu à blanc. | 21 | » | 4 | » | » | » | » | » | » | |
| | — par explosion d'armes, d'obus. | » | » | » | 25 | 1 | 10 | » | » | » | |
| | — par balles. . . . . . . . . | » | » | » | » | » | » | 36 | 3 | 4 | |
| 1897 | Blessures par coups de feu à blanc. | 12 | 2 | 6 | » | » | » | » | » | » | Deux plaies péné- |
| | — par explosion d'armes, d'obus. | » | » | » | 38 | 2 | 11 | » | » | » | trantes de l'abdomen. |
| | — par balles . . . . . . . . | » | » | » | » | » | » | 65 | 12 | 6 | |
| 1898 | Blessures par coups de feu à blanc. | 15 | 1 | 1 | » | » | » | » | » | » | Une plaie perforante |
| | — par explosion d'armes, d'obus. | » | » | » | 25 | 2 | 6 | » | » | » | de l'estomac. |
| | — par balles . . . . . . . . | » | » | » | » | » | » | 49 | 7 | 8 | |
| 1899 | Blessures par coups de feu à blanc. | 13 | » | 5 | » | » | » | » | » | » | |
| | — par explosion d'armes, d'obus. | » | » | » | 28 | 3 | 5 | » | » | » | |
| | — par balles . . . . . . . . | » | » | » | » | » | » | 58 | 14 | 7 | |
| 1900 | Blessures par coups de feu à blanc. | 14 | 1 | 5 | » | » | » | » | » | » | Une plaie perforante |
| | — par explosion d'armes, d'obus. | » | » | » | 20 | » | 7 | » | » | » | de l'estomac. |
| | — par balles . . . . . . . . | » | » | » | » | » | » | 74 | 16 | 9 | |
| | | | | | | | | Combats du sud-algérien. | | | |
| 1901 | Blessures par coups de feu à blanc. | 16 | 2 | 2 | » | » | » | » | » | » | Une plaie pénétrante de l'abdomen. |
| | — par explosion d'armes, d'obus. | » | » | » | 24 | 2 | 2 | » | » | » | Une plaie pénétrante |
| | — par balles . . . . . . . . | » | » | » | » | » | » | 146 | 35 | 13 | du thorax. |
| | | | | | | | | Combats du sud-algérien. | | | |
| 1902 | Blessures par coups de feu à blanc. | 6 | 1 | 1 | » | » | » | » | » | » | Une fracture de la co- |
| | — par explosion d'armes, d'obus. | » | » | » | 20 | 7 | 4 | » | » | » | lonne vertébrale. |
| | — par balles. . . . . . . . . | » | » | » | » | » | » | 12 | » | » | |
| 1903 | Blessures par coups de feu à blanc. | 18 | 5 | 2 | » | » | » | » | » | » | Deux fractures du crâne. Une blessure péné- |
| | — par explosion d'armes, d'obus. | » | » | » | 13 | » | 9 | » | » | » | trante de la poitrine. Une blessure perfo- |
| | — par balles . . . . . . . . | » | » | » | » | » | » | 12 | 2 | » | rante de l'abdomen. Une lésion de la han-che. |
| | Totaux . . . . . | 146 | 14 | 27 | 236 | 23 | 57 | 531 | 103 | 50 | |

COURBE DES BLESSURES PAR COUPS DE FEU A BLANC
(AUTRICHE). — (Fig. 2).

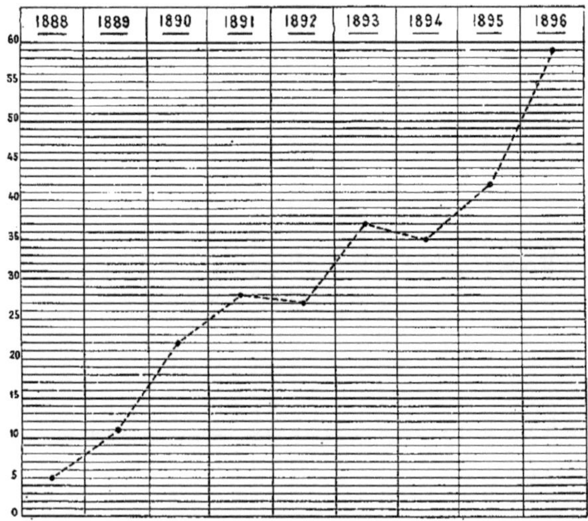


De ces faits expérimentaux, il ressort qu'avec les cartouches à blanc du fusil autrichien, M^le 1893, *la zone dangereuse se limite à 4 mètres en avant de la bouche de l'arme*. Au-delà de cette distance, les blessures sont exceptionnelles et résultent de circonstances particulièrement défavorables, comme le choc d'un fragment de carton sur un œil ouvert, ou la projection intempestive de *projectiles secondaires*, tels que sable, terre, noyaux de fruits, bouchon de l'arme, etc.

A 3 mètres de distance, des blessures sérieuses peuvent déjà se produire; à moins de 2 mètres, elles sont le plus souvent très graves.

Quant à la terminaison de ces blessures, voici les résultats que notre camarade a consignés :

75 p. 100 de guérisons complètes ;

15 p. 100 de guérisons incomplètes ;

10 p. 100 de morts.

***

### E. — RÉPARTITION DE CES BLESSURES PAR RÉGIONS ANATOMIQUES

En Autriche, voici la répartition des 267 blessures observées de 1888 à 1896 :

| | | |
|---|---|---|
| Blessures à la tête | 22,25 | p. 100 |
| — à la main | 18,18 | — |
| — à la cuisse | 13,26 | — |
| — à l'avant-bras | 9,09 | — |
| — à la jambe | 8,33 | — |
| — au bras | 7,20 | — |
| — au thorax | 5,18 | — |
| — aux fesses | 4,55 | — |
| — au cou et à la nuque | 2,65 | — |
| — à l'abdomen | 2,27 | — |
| — à l'avant-pied | 1,89 | — |

En France, voici la répartition des 146 cas observés de 1893 à 1903 :

| | | NOMBRE | DÉCÈS |
|---|---|---|---|
| Blessures à la face et aux yeux | | 48 | 1 (tétanos) |
| — à l'abdomen | | 10 | 7 |
| — au thorax | | 8 | 3 |
| — au crâne | | 5 | 2 |
| Membres supérieurs. | Bras | 8 | » |
| | Avant-bras | 5 | » |
| | Main | 43 | » |
| Membres inférieurs. | Cuisse | 6 | 1 |
| | Jambe | 5 | » |
| | Pied | 8 | » |

De l'inspection de ces deux tableaux, on peut conclure *que la face et les mains sont les régions anatomiques les plus atteintes dans les tirs à blanc.*

* *

### *F.* — SUICIDES PAR COUPS DE FEU A BLANC

« Le suicide, dit Marvaud, intervient pour 55 morts sur 1.000 décès généraux dans notre armée; ce qui prouve qu'il n'est malheureusement pas rare parmi les soldats. »

Relevant dans un tableau très suggestif les différents genres de suicides, observés dans notre armée pendant la période décennale 1875-84, notre camarade trouve que les suicides par armes à feu sont les plus fréquents, ensuite viennent les suicides par strangulation et par submersion; les suicides par armes blanches et par précipitation d'un lieu élevé sont beaucoup plus rares. Enfin les empoisonnements et les asphyxies par le charbon sont des suicides exceptionnels.

Dans les suicides par armes à feu, les fausses balles ont bien leur part, car selon la remarque de Deubler, « *l'emploi de la cartouche à blanc semble assez propice aux tentatives de suicide* » ; aussi est-elle assez souvent utilisée dans ce but, en France comme à l'étranger.

Et d'ailleurs, comment pourrait-il en être autrement : les cartouches à balle sont soigneusement distribuées et comptées, tandis que les cartouches à blanc sont monnaie courante dans les casernes : donc, quoi d'étonnant qu'au cours d'une violente contrariété ou à l'annonce d'une punition qui paraît imméritée, une cartouche à blanc soit vite glissée dans le fusil et qu'un coup de feu parte dans une chambrée, souvent à la grande surprise des voisins, qui n'avaient rien remarqué d'anormal.

Dans les observations que nous avons recueillies, ces tentatives de suicide sont surtout fréquentes durant les manœuvres : à ce moment-là, les cartouches à blanc sont plus encore à la merci des hommes. En outre, avec la fatigue, la chaleur et l'alcool ingéré, les soldats, aux manœuvres, sont plus impressionnables et d'un nervosisme plus grand, qui leur fait oublier souvent leur devoir, obnubile parfois leur raison et les pousse à attenter à leurs jours pour des motifs futiles.

En Algérie, ces suicides par coups de feu à blanc peuvent revêtir des allures épidémiques, comme par exemple les trois tentatives si rapprochées, qui vinrent troubler les pénibles manœuvres de 1897, dans la plaine brûlante et désolée du Chélif.

« Heureusement, ajoute Deubler, le but cherché n'est pas toujours atteint et souvent il n'en résulte que des troubles organiques sérieux ou des infirmités. » A ce propos, nous sommes loin de partager son optimisme, car, dans les cas de suicide, les coups de feu étant tirés de très près déterminent des phénomènes explosifs et des lésions considérables, généralement mortelles.

Ces suicides par coups de feu à blanc sont assez fréquents : ainsi dans les 58 observations recueillies nous relevons seize suicides, soit une blessure volontaire pour quatre blessures accidentelles.

Les régions plus particulièrement visées sont le cœur et la base du crâne, car ces organes sont délicats, indispensables à la vie et de plus, en tirant sur eux, il est facile de déclancher la gâchette armée du fusil.

Pour Nimier et Laval, « les suicidés semblent viser de préférence l'abdomen et le cœur », mais d'après nos constatations c'est surtout la base du crâne, (le canon étant placé dans la bouche), qui est le plus souvent intéressée, comme en témoignent les observations de nos camarades Frilet, Toussaint, Cavalier, Sylvestre, Rispal etc.

La mort est généralement la règle dans ces tentatives de suicide, même quand les hommes ont pris la précaution d'enlever la fausse balle, comme l'avaient fait les suicidés de Lignerolles et de Frilet. (V. Chap. III, p. 78 et seq.).

Enfin, certains hommes, dans la crainte de se « rater », n'hésitent pas (comme ce sous-officier du 87e d'infanterie), à fixer ensemble deux fusils, à les charger à blanc et à faire partir simultanément les deux coups.

C'est aussi pour obéir à cette idée de destruction, que le

suicidé de Franke, en Allemagne, *après avoir placé dans son fusil une cartouche à blanc, remplit le canon d'eau* et fit partir le coup en plein front.

Ces marques de sang-froid, ce luxe de précautions prouvent en somme l'acharnement de certains êtres à se détruire.

Les blessures « *par coup d'eau* » (*Wasserschufverletzung*), signalées à diverses reprises dans l'armée allemande, se font remarquer par leur haute gravité : Elles n'ont pas encore été observées en France.

Ainsi, dans son beau livre « *Sur les blessures du crâne et de l'encéphale* », M. le professeur Nimier cite seulement, d'après Tilman, quelques suicides survenus chez des soldats allemands qui se sont fait sauter la cervelle, *en remplissant d'eau le canon préalablement chargé d'une cartouche à balle ou à blanc, ou même d'une cartouche dont ils ont enlevé la balle.*

Tilman émit cette hypothèse « du *coup d'eau* », surtout après avoir observé un suicidé dont le cerveau tout entier avait été propulsé en dehors de la boîte crânienne disloquée. N'ayant pas retrouvé le trajet de la balle, il admit que *l'arme avait été chargée avec de l'eau.*

Kronlein n'accepte pas cette théorie « *du coup d'eau* », car il ne croit pas possible que les armes de guerre, se chargeant par la culasse, puissent être remplies de liquide.

Pour prouver le contraire, Tilman fit l'expérience suivante : il prit une cartouche de guerre, enleva la balle, couvrit la poudre avec une rondelle de carton de 15 millimètres d'épaisseur et remplit le canon d'eau. Puis, appliquant la bouche de l'arme sur la tempe d'un cadavre, il fit partir le coup et produisit à ce niveau une plaie en croix de 6 à 7 centimètres, présentant en son centre un trou osseux, large de 25 à 35 millimètres avec de nombreuses fissures radiées et circulaires, intéressant la voûte et la base du crâne. La substance cérébrale était réduite en bouillie sur un trajet de 6 centimètres de profondeur.

En somme, il est bien difficile de se prononcer dans un pareil débat, car, *à bout touchant*, il est matériellement impossible de savoir la part exacte, qui revient à la colonne liquide, ou à la colonne gazeuse, dans les dégâts produits. Mais, ce que l'on peut affirmer sans crainte, c'est que la résultante de ces deux forces doit singulièrement augmenter les effets vulnérants des « *coups d'eau* ».

## G. — MUTILATIONS PAR COUPS DE FEU A BLANC

D'une façon générale, les mutilations ont diminué beaucoup dans l'armée, depuis que la discipline est plus paternelle, le temps du service militaire plus court et que le système de recrutement tend à devenir régional.

Le nombre des mutilations par coups de feu à blanc, que nous avons relevé, est assez restreint (9) : 4 cas dans le livre de notre camarade, le médecin-major Huguet (*Recherches sur les maladies simulées et les mutilations volontaires*), 3 cas dans la *Statistique de l'armée*, 1 cas dans la *Statistique des troupes coloniales* et enfin 1 cas dans les *Archives de Méd. et de Pharm. militaires* (Maffre).

Aussi ne serait-il pas étonnant qu'un certain nombre de ces traumatismes intéressant les mains ou les pieds soient moins dûs à la maladresse des conscrits, qu'à leur désir d'obtenir soit un congé de convalescence, soit une réforme avec pension de retraite.

Malheureusement dans ces cas, il est très difficile de connaître la vérité, mais là, comme en justice, le doute doit toujours profiter au coupable.

Résumons ici quelques-unes de ces mutilations volontaires :

*Année 1888. Huguet. 5ᵉ compagnie de discipline.* — Mutilation volontaire par coup de feu à blanc. Perte des deux dernières phalanges de l'index gauche.

*Année 1892. Huguet.* — Mutilation volontaire par coup de feu à blanc. Perte des 4ᵉ et 5ᵉ doigts de la main gauche ainsi que des 4ᵉ et 5ᵉ métacarpiens. B... s'est mutilé en revenant d'un exercice de service en campagne. S'étant bien conduit à la compagnie de discipline, il a été réintégré dans un corps de troupe.

*Année 1895. Huguet.* — Mutilation volontaire par cartouche à blanc du fusil Mˡᵉ 1874, tirée dans la portion métatarsienne du pied gauche, région dorsale. Pas d'orifice de sortie; cicatrice du trou d'entrée de forme linéaire, correspondant aux parties molles situées au-dessus et un peu en dehors du 3ᵉ métatarsien.

*Année 1895. Huguet. — Mutilation de la main droite par coup de feu à blanc, lançant une balle Lebel déjà tirée.* Vaste cratère de la face dorsale. S'est mutilé pour obtenir un congé de convalescence.

*Année 1896. — Statistique de l'armée.* — Parmi les 6 mutilés volontaires dirigés sur la 4ᵉ compagnie de discipline, un s'était tiré un coup de feu à la face dorsale du pied avec une cartouche à blanc.

*Année 1897. — Statistique de l'armée.* — Deux cas de mutilation volontaire ont été signalés chez des hommes du 3ᵉ régiment de spahis.

Le premier ayant reçu l'ordre de prendre la garde d'écurie, refusa d'obéir et se rendit à sa tente où il se tira un *coup de feu à blanc*, le canon de sa carabine étant placé entre la botte et le mollet gauche. Il en résulta un décollement à peu près total du mollet et une plaie par éclatement de la face antéro-externe de la jambe. Envoyé à l'hôpital de Sétif, cet homme guérit, mais il conserva une impotence partielle de la jambe gauche.

Le deuxième, à la suite d'une punition, se tira également *un coup de feu à blanc* et se fit dans la région de l'épaule gauche, une plaie profonde sans lésions vasculaires ni nerveuses importantes, qui guérit sans complication.

*Année 1902. — Archives de méd. et de pharm. militaires.* —

*Mutilation de la cuisse droite.* (Observation du médecin-major Maffre.)

Le mutilé, qui était de faction, tâchait d'égarer les soupçons, en prétendant qu'il avait été attaqué par un maraudeur, qui avait fait feu sur lui. Maffre, grâce aux vastes hiatus vestimentaires trouvés sur les effets de cet homme, parvint à découvrir sa supercherie.

*Année 1903.* — *Statistique des troupes coloniales.* — Mutilation du pouce de la main gauche, au cours des grandes manœuvres.

En somme, d'après la statistique de notre camarade Huguet, les blessures de la main, qui doivent tout particulièrement éveiller nos doutes, sont les ablations partielles de l'index droit. Ce doigt est le plus fréquemment sacrifié, sa perte ne mettant jamais la vie du mutilé en danger et entraînant souvent l'obtention d'un congé de réforme n° 1 ou n° 2.

* * *

## *H.* — PRINCIPALES CIRCONSTANCES DANS LESQUELLES SE PRODUISENT CES ACCIDENTS

Il est classique de répéter : « C'est dans les manœuvres à double action que se produisent *le plus souvent* les accidents avec les cartouches à blanc. Les fantassins s'excitent, prennent leur rôle au sérieux et, si on les laisse aller jusqu'au corps-à-corps, ils se fusillent à bout portant. » Ces vues de l'esprit ne répondent pas à la réalité des faits, car nous n'avons pas pu relever, dans toutes les observations recueillies, un seul cas de blessure ainsi produite dans un corps-à-corps.

D'ailleurs, le Règlement des manœuvres (art. 248) rend ces mêlées invraisemblables, en défendant « aux deux partis de s'approcher à moins de 100 mètres et en ordonnant de cesser le feu, lorsqu'ils se trouvent à cette distance l'un de l'autre. »

« De leur côté, dans une charge, les cavaliers n'arrêtent pas à temps leurs montures, ou bien se font un malin plaisir d'enfoncer les lignes de l'infanterie, qui répond par des coups de feu à trop courtes distances. »

Ces faits peuvent s'observer, mais ils sont rares, car un seul cas est signalé dans les observations publiées ou inédites de nos camarades (charge de cavalerie contre une batterie d'artillerie en position).

« Enfin les exercices de nuit augmentent encore le danger, en raison des rencontres inopinées et aussi de la difficulté d'apprécier les distances et les directions. »

Ces constatations sont exactes et *les dangers des tirs à blanc dans les manœuvres de nuit ne sont que trop réels* : aussi faut-il conseiller aux hommes une extrême prudence et redoubler d'attention.

Dans mon premier régiment (161e d'infanterie), un étudiant en médecine fut ainsi blessé à l'œil gauche par un homme placé en sentinelle, dans une manœuvre de nuit, aux environs de Reims (Médecin-major Namin).

Ces accidents sont surtout fréquents dans les exercices du service en campagne, *quand les éclaireurs fouillent un terrain.* Blottis, dissimulés derrière un obstacle naturel, ils n'hésitent pas, dans le feu de l'action, s'ils sont surpris, à tirer sur leur adversaire, pour éviter d'être faits prisonniers.

C'est l'accident qui arriva au cavalier de Boppe, en longeant la lisière d'un bois ; c'est l'accident du cavalier de Bergasse qui, en rasant l'enclos d'une ferme, reçut en plein foie, un coup de feu à blanc mortel, d'un adversaire embusqué derrière le mur ; c'est encore l'accident qui rendit aveugle notre zouave, mis en joue à 50 centimètres par un ennemi dissimulé dans un fourré.

C'est également *en sautant un fossé, en montant un talus, en se relevant de terre, en s'accoudant sur la bouche du canon, en traversant un bois, en franchissant une haie avec l'arme chargée à blanc, que ces blessures se produisent.*

Les fanfaronnades comme les gageures ont aussi causé quelques-uns de ces accidents.

En un mot, *ces déflagrations accidentelles surviennent dans toutes les circonstances de la vie militaire où la discipline du feu se relâche.*

Mais une des causes les plus fréquentes de ces traumatismes, c'est l'oubli dans le magasin ou dans la cartouchière de quelques-unes de ces cartouches à blanc, qui sont mélangées le lendemain avec les cartouches en bois « dites d'instruction » et qui éclatent dans la chambrée ou dans la cour du quartier, pendant une théorie sur le mécanisme à répétition ou pendant le nettoyage de l'arme.

En résumé, voici par ordre de fréquence les principales circonstances dans lesquelles surviennent ces accidents :

1° Dans une mêlée, pendant une manœuvre à double action (*très rare*) ;

2° Dans une charge de cavalerie traversant une ligne de fantassins, ou arrivant sur une batterie d'artillerie en position (*assez rare*) ;

3° En sautant un fossé, en franchissant un bois, une haie (*assez fréquent*) ;

4° Dans une manœuvre de nuit (*assez fréquent*) ;

5° Un éclaireur blotti et surpris tire sur son adversaire pour n'être pas fait prisonnier (*fréquent*) ;

6° Oubli d'un de ces projectiles d'exercice dans une cartouchière et confusion possible avec les cartouches en bois, dites cartouches d'instruction (*très fréquent*) ;

7° Oubli dans le fusil d'une cartouche à blanc, qui éclate souvent pendant que l'homme astique son arme (*très fréquent*), qu'il s'appuie sur elle, étant de faction, ou qu'il se lève étant dans la position couchée (*assez fréquent*).

8° En laissant tomber ou en lançant dans le feu une cartouche à blanc dont l'étui éclate ainsi à l'air libre.

*
* *

Cette énumération des principales causes montre très nettement *l'utilité de l'inspection des armes, qui doit être toujours
passée, non seulement quand les hommes vont au tir à la
cible, mais aussi avant et après chaque exercice extérieur,
comportant l'emploi de cartouches à blanc* (Prescriptions M[les]).

En somme, c'est la négligence, l'imprudence ou l'ignorance
du danger, qui sont les vraies causes productrices de tous ces
accidents, comme nous l'avons noté dans les cinq cas, que nous
avons personnellement observés :

Il fut, en effet, très imprudent, notre Tirailleur indigène qui
tua un de ses coreligionnaires, au cours d'une discussion survenue pendant une manœuvre, aux environs de Mascara, en lui
tirant dans le creux de l'estomac un coup de feu à blanc, presque
à bout portant.

Au Conseil de guerre, cet homme ne trouva qu'une excuse
pour sa défense : « Je ne voulais pas le tuer, je le jure par le
Prophète », et il fut facile à son défenseur de plaider sa cause,
son *homicide par imprudence* ou plutôt *par ignorance;* à l'una-
nimité, il fut acquitté.

Il fut aussi très imprudent notre Zouave d'Oran qui, envoyé
en éclaireur à travers le bois du Planteur, se blottit derrière un
buisson et fit feu sur un adversaire, qui marchait vers lui, en lui
criant : « Je te fais prisonnier ! »

Cette imprudence coûta la vue à son camarade, qui fut
réformé n° 1 avec le maximum de la pension de retraite, « pour
perte totale de la vision des deux yeux. »

Il fut aussi très imprudent notre soldat du 23ᵉ Régiment d'infanterie qui avait entendu dire *qu'en appuyant fortement le
pouce sur la bouche du canon, on pouvait ainsi arrêter les
projectiles* [1].

---

[1] Cette idée de l'arrêt des projectiles en appliquant un pouce vigoureux
sur l'arme existe chez les gens du peuple. Les anciens médecins légistes
Tourdes, Briand et Chaudé, etc. soutenaient tous cette théorie et écrivaient
dans leurs Traités : « L'application immédiate de la main, à la condition d'être
hermétique, peut ne produire qu'une contusion : la balle amortie par la
couche d'air comprimé tombe et ne pénètre pas ». — Thévenot et Rouvillois
viennent de détruire cette erreur : De leurs expériences faites avec les
révolvers du commerce, il ressort que *le bout portant n'amène pas d'atténua-*

Une amputation nette de la 2ᵉ phalange du pouce gauche fut la triste rançon de ce sot exploit, chez un ancien soldat libérable dans trois mois.

Ne fut-il pas également bien imprudent ce soldat du 23ᵉ régiment d'infanterie qui, en manipulant des étuis de cartouches vides, remarqua qu'une amorce n'avait pas été percutée et sans se demander s'il pouvait rester de la poudre dans l'étui, frappa sur le culot avec une clef.

Malheureusement, c'était une cartouche à blanc dont la fausse balle avait été rompue au niveau du collet. Percutée, elle fit explosion, brûlant et traumatisant la main et la poitrine de l'étourdi.

Ne fut-il pas enfin très imprudent ou criminel ce soldat du 23ᵉ régiment d'infanterie, qui, dans une manœuvre à double action, aux environs de Bourg-en-Bresse, enleva la fausse balle d'une de ces cartouches et la remplaça par une balle Lebel peu déformée.

Cette balle métallique, mue avec force par la poudre très vive de la cartouche à blanc, vint frapper à 300 mètres un adversaire, qui eut le mollet gauche traversé de part en part.

Retrouvé dans la guêtre du blessé, ce projectile portait un double pas de rayures, preuve indéniable que cette balle avait été déjà tirée.

En résumé, *nombre de ces accidents professionnels pourraient être évités, si on mettait les jeunes soldats en garde contre les imprudences de leur âge, en leur montrant combien ces projectiles d'exercice peuvent être dangereux aux courtes distances.*

*tion dans la force de pénétration des projectiles* et qu'il ne se différencie pas des coups tirés à courte distance (*Gaz. des Hôp.*, décembre 1905.)

# CHAPITRE II

## DESCRIPTION DES CARTOUCHES A BLANC
## DES DIVERSES PUISSANCES.

Cartouches à fausses balles en carton. — Cartouches à fausses balles
en bois creux. — Cartouches à blanc sans fausse balle.


Les fausses balles, adoptées par les Puissances armées, sont
de divers types : les unes *en bois creux* (tilleul ou aulne) ; les
autres *en carton*, en papier roulé, fortement embouti ; d'autres
enfin ne possèdent qu'une simple rondelle de carton sur la
charge de poudre.

*Les premières* sont employées en Allemagne, Espagne, Portugal, Belgique, Hollande, Roumanie, Suisse, Suède, Norvège.

*Les secondes* sont employées en France, Autriche, Italie,
Bulgarie et aux États-Unis.

*Les troisièmes* sont en service en Angleterre, en Grèce, au
Brésil et au Japon.


### A. — CARTOUCHES A FAUSSES BALLES EN CARTON

#### I. — France.

La cartouche à blanc, (M$^{le}$ 1897), du fusil Lebel, est
une cartouche d'exercice, présentant une fausse balle en carton
creux, que les gaz de la poudre détruisent dès sa sortie du
canon. Sa forme extérieure est celle de la cartouche de guerre,

dont elle ne diffère que par le poids, la nature du projectile et la charge de poudre.

Elle comprend :

1° *Un étui, M^le 1886 M*, neuf ou pris parmi ceux qui ont été refusés pour les cartouches à balle (étuis dits de manufacture.) A l'extrémité du collet, on remarque une gorge, une rainure circulaire de sertissage, faite dans le but de comprimer l'étui métallique sur le cylindre de la fausse balle.

2° *Une amorce double et un couvre-amorce*. La déflagration de cette amorce au fulminate de mercure, produit, si on enlève la poudre de l'étui, une petite traînée noirâtre sur une cible de papier.

Sur la peau, elle provoque une piqûre assez vive, mais sans danger, si on en croit certains hommes, qui ont reçu de leurs camarades des coups de feu avec des cartouches à blanc, ainsi complètement vidées, sauf l'amorce.

3° *Une charge de 1^gr 25 à 1^gr 30 de poudre sans fumée* très vive et très brisante, dite poudre EF. Elle est gris-sale, à grains sphériques, irréguliers, de dimensions très inégales. Elle diffère beaucoup de la poudre pelliculaire, colloïdale, à grains cubiques des munitions de guerre.

Dans les tirs à blanc, les grains les plus volumineux sont très incomplètement comburés et sont transformés en petits projectiles,

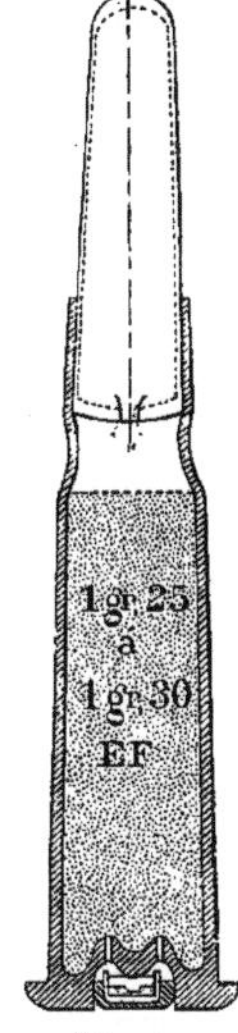

Fig. 3.
Cartouche à fausse balle française (modèle 1897).

qui s'incrustent dans les cibles. Tirés à grandes distances (de 1 à 3 mètres) sur une cible en bois, on voit quelques-uns de ces grains faire en dehors des planches une saillie notable, car ils n'ont plus la force de pénétrer complètement dans les fibres ligneuses.

Si la fausse balle est enlevée et remplacée par une légère bourre de coton, les effets dynamiques sont atténués, mais sont encore fort appréciables. Dans ces cas-là, la première poussée des gaz expulse le contenu de la cartouche et la plupart des grains de poudre sont projetés sans être comburés. Il est très facile de recueillir, presque en entier, cette charge de poudre sur un vaste tapis de papier blanc.

4° *Enfin une fausse balle en papier comprimé*, ayant extérieurement la forme d'une balle Lebel sans méplat terminal. Elle est creuse à l'intérieur avec une cloison médiane. Pas de bourre.

A la partie postérieure de ce faux projectile, un petit orifice est ménagé au culot, pour permettre aux gaz de la déflagration de pénétrer dans son évidement, pour mieux en assurer la fragmentation, quand les parois du canon ne soutiendront plus les parois de ce projectile.

La longueur de cette fausse balle est de 33$^{mm}$ 5. Elle est recouverte et durcie par un vernis vert, qui la met un peu à l'abri de l'humidité.

Le poids total des cartouches à fausse balle, que nous avons pesées, est d'environ 14 grammes, dont 11$^{gr}$,50 ou 12 grammes pour l'étui, 0,65 à 0$^{gr}$,75 pour la balle en carton et 1$^{gr}$,20 pour la poudre.

Ces cartouches à blanc ont été créées pour permettre d'exécuter des tirs à répétition, dans les diverses manœuvres du temps de paix : aussi doivent-elles être assez résistantes, pour ne pas s'écraser dans le magasin et pour résister aux heurts, qu'elles reçoivent dans les cartouchières, pendant les marches et les exercices.

Malheureusement, leur fabrication est loin d'être irréprochable, car on peut trouver dans un même paquet des balles de carton, qui sont dures comme la pierre (*Boppe*), d'autres dont les deux parois s'écrasent facilement sous la pression des doigts et d'autres enfin dont une paroi cède, tandis que l'autre résiste.

De plus, les fausses balles, qui ont été mouillées ou encrassées, portent sensiblement plus loin (*Annequin*).

« Dans ces conditions, on comprend, dit Boppe, que les unes se fragmentent plus facilement que les autres et que les éclats de carton soient projetés à des distances variables, suivant leur épaisseur. »

Cela explique également que dans une même série d'expériences, on ne trouve pas toujours des résultats identiques.

De plus, il faut savoir que ces projectiles d'exercice possèdent une vitesse initiale très grande, supérieure même aux balles Lebel. — Le colonel Journée, si compétent dans toutes ces questions de balistique, a calculé, en 1896, que la vitesse initiale de ces fausses balles était de plus de 700 mètres à la seconde. — Et M. le médecin inspecteur Annequin ajoute : « Tels quels, ces résultats fournissent une indication précieuse, qui ne laisse pas de doute sur la puissance balistique de la cartouche à blanc, ni sur les dangers qu'elle crée aux courtes distances en raison, soit de sa fausse balle, soit des filets gazeux, qui s'échappent du canon avec une pareille vitesse. »

Les parcelles de carton qui proviennent de ces faux projectiles et les grains de poudre incomplètement comburés constituent donc, au moment de la déflagration, comme autant de petits projectiles qui, mus avec cette vitesse initiale très grande, sont capables aux courtes distances, d'affouiller le bois, de traverser du carton épais et de perforer des courges comme à l'emporte-pièce.

En outre, l'air atmosphérique, contenu dans le fusil et violemment chassé par la déflagration des gaz, produit dans l'axe de l'arme une onde d'air hautement comprimé, qui constitue un projectile-air dangereux.

Mais, comme cette vitesse initiale s'atténue très promptement après la sortie du canon, on en est réduit à juger des effets dynamiques et vulnérants de ces fausses balles, en étudiant les empreintes laissées par elles sur des cibles placées à différentes distances.


## II. — Autriche-Hongrie.

L'armée austro-hongroise, nous écrit le capitaine d'artillerie Franz Deubler, emploie des cartouches à fausse balle en carton, qui ont la forme et les dimensions des cartouches à balles métalliques.

Le fusil en usage dans notre armée est le fusil Mannlicher, M^le 1893, du calibre de 8 millimètres.

Notre cartouche à blanc, qui figure dans ma brochure, contient 0^gr,90 de poudre sans fumée (D) et une bourre (C). La fausse balle (A) possède de minces parois en carton roulé et fortement comprimé, sans culot. — Elle pèse 0^gr,60. — Elle a sensiblement les mêmes dimensions, la même forme, mais une moindre charge de poudre que notre cartouche de guerre. (Fig. 4.)

*Les méfaits de cette fausse balle s'étendent jusqu'à 4 mètres en avant de l'arme* : ils paraissent être plus graves et plus étendus que ceux produits par la fausse balle française.

A notre avis, la bourre contenue dans la cartouche autrichienne, en augmentant la résistance à la déflagration de la poudre, grandit aussi ses effets dynamiques et vulnérants.

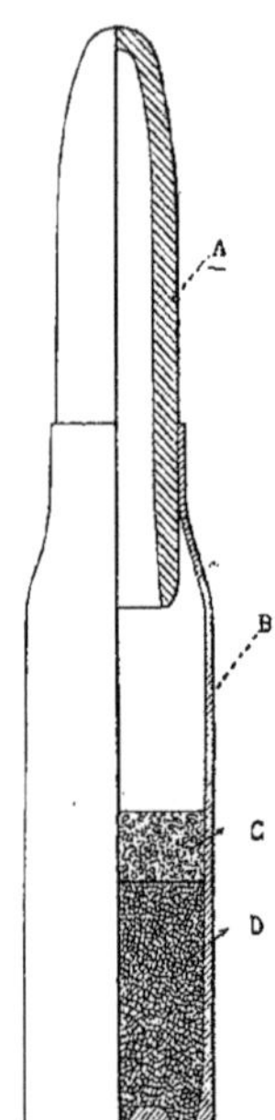

Fig. 4.
Cartouche à blanc
Austro-Hongroise.

### III. — Italie.

Avec leur amabilité habituelle, *il generale medico Givogre*, et le D^r Livi, Directeur du *Giornale Medico del royal Esercito*, ont bien voulu nous renseigner sur les cartouches à fausse balle (*cartuccia da Salve*) que les troupes Italiennes emploient dans leur fusil, M^le 1891, du calibre de 6^mm,5 (*le Paravicino Carcano*).

Ces cartouches ont la même forme et les mêmes dimensions que les cartouches à balle. Elles en diffèrent par la nature du projectile et par une charge plus réduite de poudre sans fumée.

Longueur totale de la cartouche . . . . . 76^mm,5
—      — de la fausse balle . . . . . 34^mm,5

Poids moyen de la fausse balle . . . . . . : .   0$^{gr}$,43
      —     de la charge . . . . . . . . .   0$^{gr}$,35
      —     de la bourre de feutre . . . .   0$^{gr}$,075

Cette fausse balle a la forme cylindro-ogivale ; elle est en carton creux, de couleur orange; l'épaisseur des parois est très faible.

La charge est en « *filite* », c'est-à-dire en balistite, coupée en fils minces. La bourre en feutre a l'épaisseur de 9 millimètres et est placée au-dessus de la charge de poudre.

En somme, cette cartouche à fausse balle diffère peu de la nôtre, sauf les proportions de poudre qui sont chez nous trois fois plus fortes.

C'est probablement en raison de cette faible quantité de poudre, que les accidents par cartouches à blanc sont inconnus dans l'armée italienne.

Ces cartouches à fausse balle sont groupées chez eux par 6 dans le chargeur, comme les cartouches de guerre.

« Depuis leur introduction, nous écrit notre camarade Livi, nous n'avons plus eu à observer de blessures, parce que cette fausse balle se réduit presque en poussière à sa sortie du canon, ainsi qu'il a été démontré par les expériences faites à ce sujet. »

Et le D$^r$ Givogre ajoute : « Quant aux blessures que j'ai observées par ces projectiles d'exercice, elles remontent à plusieurs années et sont dues à des fusils d'anciens modèles : ces observations seraient pour vous sans intérêt. »

### IV. — Bulgarie.

Avant de commencer ses études médicales à Nancy, notre camarade, le médecin-major STOYANOFF, de Sofia, était officier dans l'armée bulgare. Pendant son service, il eut l'occasion d'observer quelques-uns de ces accidents par cartouches à blanc; aussi conçut-il l'idée d'en faire le sujet de sa thèse inaugurale. Il fut d'ailleurs puissamment aidé par la vaste érudition de son maître, M. le médecin principal Février, professeur agrégé de cette Faculté.

Les troupes bulgares, nous écrit Stoyanoff, possèdent le fusil Mannlicher, M^le 1888, du calibre de 8 millimètres.

« Nos cartouches à blanc pèsent environ 12gr,2 dont 9gr,7 pour l'étui. La balle est en papier buvard rose ou rouge enroulé huit fois et taillé en biseau vers l'extrémité libre. — Le poids de la balle est de 0gr,82. — Pas de bourre. — La charge est constituée par une poudre spéciale noire, granulée, *avec fumée.* — Ces cartouches contiennent 1gr,75 à 2 grammes de poudre. » (Fig. 5.)

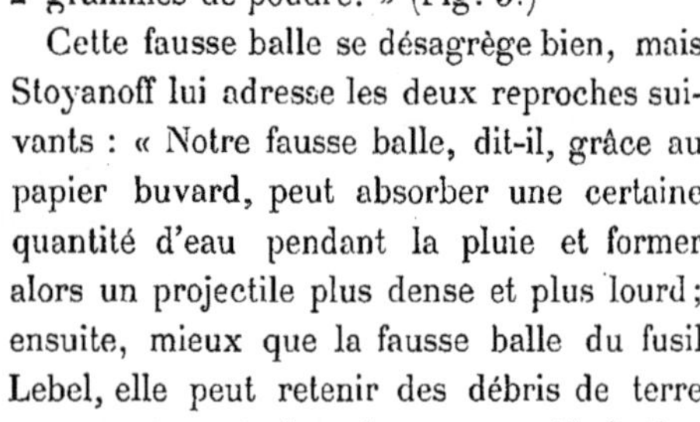

Coupe de la balle en papier.

Cette fausse balle se désagrège bien, mais Stoyanoff lui adresse les deux reproches suivants : « Notre fausse balle, dit-il, grâce au papier buvard, peut absorber une certaine quantité d'eau pendant la pluie et former alors un projectile plus dense et plus lourd ; ensuite, mieux que la fausse balle du fusil Lebel, elle peut retenir des débris de terre et de poussière et, par conséquent, devenir un agent d'infection plus actif pour le bacille du tétanos. »

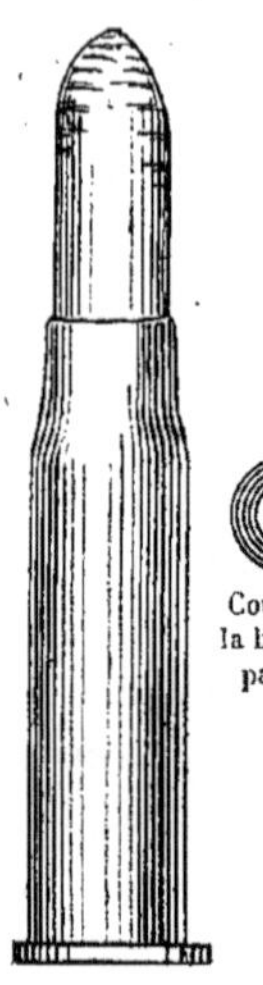

Fig. 5.
Cartouche à blanc
Bulgare.

## V. — Russie.

En 1891, la Russie a décidé le remplacement du Berdan n° 2 par une arme à répétition de petit calibre, due au colonel d'Artillerie Messine.

L'Armée Russe est dotée du fusil, M^le 1891, du calibre de 7mm,62. Elle emploie dans les manœuvres à double action une fausse balle en carton, qui a les mêmes dimensions que la balle réelle.

Notre confrère, le Dr Marcou, médecin de l'hôpital Troïtzky à Saint-Pétersbourg, nous écrit que les soldats russes font un emploi fréquent de ces projectiles d'exercice, et que les médecins mili-

taires ont souvent constaté des accidents légers, mais jamais
mortels, dans leurs manœuvres à double action.

## VI. — États-Unis.

Depuis 1894, les troupes des États-Unis sont armées d'un
fusil Krag-Jörgensen du calibre de $7^{mm},62$, qui tire dans les
combats simulés des cartouches à fausse balle en carton, d'une
composition spéciale.

Voici la description qui nous en est
donnée par le Surgeon général LAGARDE,
dont l'amabilité est à la hauteur du
talent.

Cette cartouche à blanc se compose
d'un étui réglementaire $A$, d'une balle
de papier creux $B$, pleine de poudre $D$
et d'une amorce $C$. (Fig. 6.)

L'étui est chargé de 5 grains[1] de
poudre sans fumée, qui chasse hors du
fusil la balle en carton et enflamme la
poudre contenue dans cette ballette.

Cette double déflagration produit une
détonation suffisamment forte.

5 grains de poudre sans fumée sont
tassés dans l'intérieur de la fausse balle,
ce qui lui donne une consistance suffisante et la fait se volatiliser en l'enflam-
mant.

Enfin, pour la préserver de l'humidité, on l'enduit de paraffine quand
tout est achevé. — Cette cartouche à blanc pèse environ
202 grains ($10^{gr},75$).

« Dans notre armée, nous écrit Lagarde, nous n'avons observé
aucun accident sérieux produit par ce projectile d'exercice. »

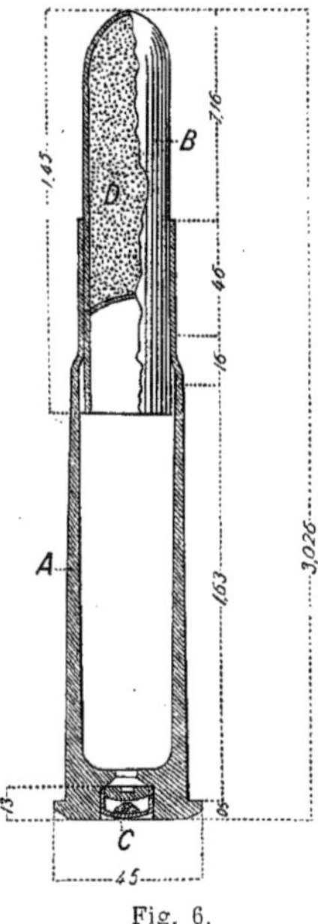

Fig. 6.
Cartouche à blanc
des États-Unis.

_______

[1] Un grain anglais pèse $0^{gr},053$; — un gramme vaut 69 grains.

« Mais en revanche, nous enregistrons tous les ans de nombreux cas de tétanos produits par des pistolets d'enfants, qui tirent des cartouches contenant 3 grammes de poudre noire et des bourres en carton. »

« Ces blessures sont surtout fréquentes au moment des fêtes populaires du 4 juillet, jour de l'Anniversaire de notre Indépendance Nationale. »

« Ce jour-là, tout bon citoyen, pour montrer son patriotisme, se croit obligé de tirer des coups de fusils, de pistolets, de pétards, si bien qu'à Chicago, en 1902, ces manifestations populaires produisirent de nombreuses blessures, qui entraînèrent 66 morts par tétanos. » (Lagarde.)

En 1904, d'après l'*American Medecine*, il y eut aussi dans la plupart des grandes villes des États-Unis plus de 3.000 personnes ainsi blessées : 90 victimes succombèrent aux complications tétaniques de ces traumatismes.

*
* *

### B. — CARTOUCHES A FAUSSES BALLES EN BOIS CREUX.

### I. — Allemagne.

La cartouche à blanc de l'Armée Allemande, se compose de l'étui métallique (B), de l'amorce, de la charge de poudre (D), de deux bourres de carton (C) et du projectile en bois (A), peint en rouge. La poudre remplit à peine un tiers de l'étui. (Fig. 7. — *Platzpatrone*. — *Dienstunterricht für den Infanteristen, p.* 80.)

Ce projectile, nous écrit notre camarade l'oberstabsarzt Dᵣ HELBIG, est façonné dans un morceau de bois tendre (tilleul, aulne, peuplier).

Ces fausses balles produisent chez nous des accidents graves, tantôt au cours des manœuvres, tantôt dans les cantonnements ou dans l'intérieur des casernes. Mais ces blessures professionnelles ne sont pas officiellement publiées en Allemagne : aussi toutes les revues médicales relatent quelques-unes de ces observations.

*Düms*, dans son Traité de chirurgie d'armée (*Leipsik*, 1898) décrit ces cartouches à fausses balles et rappelle les prescriptions réglementaires, qui ordonnent « *de cesser le feu, quand les deux partis sont à* 100 *mètres l'un de l'autre* ».

Dans les tirs à blanc, ajoute Düms, on trouve généralement sur le sol des fibres ligneuses du projectile jusqu'à 20 mètres en avant des tireurs : ces débris sont parfois plus longs que le projectile lui-même.

*Saltzman*, se basant sur les expériences qu'il a faites, conclut que les cartouches à fausses balles peuvent produire jusqu'à 1$^m$, 50 des blessures aussi graves que les balles métalliques.

A la distance de 1 mètre, ces projectiles d'exercice traversaient le casque, le havresac et les ustensiles de campement, comme une vraie balle ; à la distance de 1$^m$,50, ils perforaient le drap des divers uniformes et intéressaient les parties molles de l'organisme.

Malheureusement, ces expériences ont été faites avec le fusil, M$^{le}$ 1871, dont la charge était de 3$^{gr}$, 75 de poudre noire, comprimée par 3 bourres de carton.

« La cartouche à fausse balle actuelle avec sa poudre sans fumée, ses deux bourres de carton et son projectile en bois creux possède également une assez grande force de pénétration. De plus, cette balle en bois n'éclate pas dans le canon ; elle se fend et se rompt seulement dans le sens longitudinal et ne se sépare en gerbe, à la sortie du fusil, qu'après un faible parcours. *Aussi, serait-il désirable,* dit Helbig, *qu'on pût utiliser un projectile très volatilisable, comme le celluloïd.* »

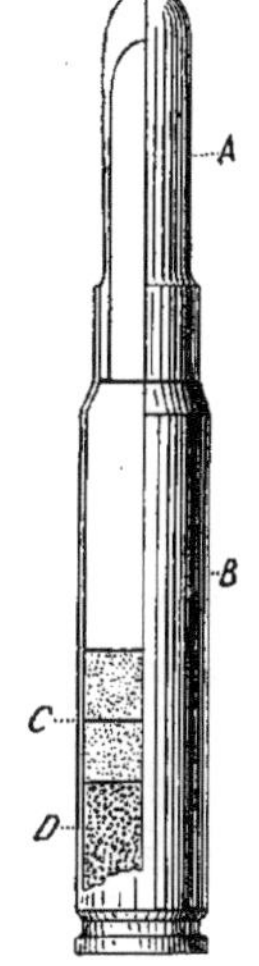

Fig. 7.

Cartouche à blanc
de l'Allemagne
(Platzpatrone).

A. Balle creuse en bois.
B. Étui métallique.
C. Deux bourres.
D. Charge de poudre.

« Enfin, ajoute-t-il, *aux courtes distances, de 10 à 60 centi-mètres de la bouche du canon, tout coup éclatant — quelle que soit d'ailleurs la composition de la fausse balle — est à même de produire des accidents graves.* » (D$^r$ Helbig).

## II. — Espagne.

Les troupes espagnoles tirent dans leur fusil Mauser de 7 mil-limètres, M$^{le}$ 1893, des cartouches à fausses balles en bois, peintes en rouge et contenant une bourre de feutre.

Ces faux projectiles ont la même forme et les mêmes dimensions que les cartouches de guerre. La charge de poudre sans fumée est de 0$^{gr}$,80

Nos voisins n'ont jusqu'ici constaté, avec ces fausses balles, que des accidents légers : aucune blessure grave n'est relatée dans leurs journaux de médecine militaire.

Sur notre demande, notre ami, le médecin-major Isidro Garcia Julian (Infanteria de montaña à Zaragoza), a bien voulu expérimenter leur projectile d'exercice et m'envoyer le résultat de ses tirs à blanc.

*A plus de 3 mètres*, ces fausses balles sont sans effet : on ne peut même pas déchirer une cible de papier ordinaire et encore moins produire des empreintes sur des planches de sapin, des citrouilles ou d'autres fruits charnus.

*A 2 mètres*, sur des planchettes de sapin de 22 millimètres d'épaisseur, spécialement préparées pour apprécier la force de pénétration, Julian a trouvé de nombreuses incrustations irrégulières, comme le sont les fragments de ces faux projectiles.

*A 1 mètre*, ces incrustations étaient encore plus nombreuses et plus profondes.

*A 50 centimètres*, ces planchettes étaient brisées, traversées, tant par les fragments de la balle que par les gaz de la déflagration de la poudre.

A des distances plus faibles encore, les désordres sont très considérables et « on comprend, ajoute Julian, que ces expansions gazeuses puissent produire « *en el vivo* » de très graves traumatismes, quoique je n'aie pu trouver dans notre littérature médicale militaire aucune observation de ce genre. »

### III. — Portugal.

En 1886, le Portugal a adopté un fusil de 8 millimètres à répétition, du système Kropatscheck, pour l'infanterie et le génie, et une carabine Mannlicher de 6 millimètres 5 pour la cavalerie et l'artillerie.

Dans les manœuvres à double action, les soldats portugais utilisent des cartouches à fausses balles en bois creux, cylindro-coniques, ayant les mêmes dimensions que la cartouche de guerre. Ces fausses cartouches renferment 3 grammes de poudre noire spéciale (F. N,). La poudre sans fumée du commandant Barreto est exclusivement employée pour les munitions de guerre. (Manoel Giao, Jacintho Miranda.)

La poudre est maintenue par une bourre d'ouate (algadao em rama).

De plus, notre camarade Miranda nous signale *une plaie pénétrante de la cuisse droite*, qu'il a observée chez un soldat du 5° chasseurs du roi, pendant les manœuvres de division de 1899, faites aux environs de Lisbonne.

Le coup de feu fut reçu presque à bout portant, déterminant à la face antérieure et médiane de la cuisse droite un large et profond séton, qui laissait pénétrer le petit doigt.

Forte dilacération musculaire, hémorragie veineuse peu prononcée — du fond de la plaie on retira d'assez nombreux fragments de bois.

Transporté d'urgence à l'hôpital militaire de Lisbonne, ce blessé y fit un long séjour pendant lequel se répara la brèche musculaire et surtout l'impotence fonctionnelle consécutive à ce violent traumatisme.

### IV. — Belgique.

Après de nombreux essais, la Belgique a adopté, en 1889, un fusil Mauser de 7$^{mm}$,65.

Dans les exercices du service en campagne, les soldats Belges se servent de cartouches à fausses balles en bois, qui ont la forme et les dimensions des vraies balles.

Avec leur obligeance habituelle, nos camarades les médecins-majors MAISTRIAU, adjoint à la Direction du service de santé et MÉLIS, du 2$^e$ guides, nous ont donné sur ces projectiles tous les renseignements, que nous leur avons demandés.

L'armée belge, nous écrit Mélis, possède 5 espèces de cartouches :

1° Des cartouches de tir à balle métallique ;

2° Des cartouches à balle métallique, dites *de grève*, ne portant qu'à 300 mètres ;

3° Des cartouches dont le collet est fermé par une bourre en feutre pour les salves ;

4° Une cartouche à ballette en celluloidine pour les tirs réduits (de 10 à 30 mètres), avec laquelle j'ai observé en 1901 une blessure mortelle de l'abdomen par éclatement de l'estomac ;

5° Enfin, une cartouche à *ballette en bois creux*, dont on se sert pour les exercices et les manœuvres à double action. Cette ballette en bois creux a 25 millimètres de long, tandis que la balle métallique a 35 millimètres de long.

Le médecin-major VAN EX (*Archives médicales belges*, septembre 1902) a observé une blessure crânienne grave, survenue au cours d'une manœuvre et produite par un coup de feu à blanc, tiré maladroitement par un homme du second rang.

A l'hôpital, des signes évidents de compression cérébrale furent constatés : on trépana le blessé et dès lors tous les phénomènes de paralysie ou de parésie disparurent promptement.

## V. — Hollande.

En Hollande, nous écrit notre ami le médecin-major QUANJER, adjoint à l'inspecteur du Service médical de l'armée, on a adopté, pour les combats simulés, des cartouches à fausses balles en bois creux, imprégné d'une matière colorante rouge.

Notre fusil Mannlicher, M$^{le}$ 1892, du calibre de 6$^{mm}$,5, tire ces cartouches à blanc, qui ont la même forme et les mêmes dimensions que nos cartouches à balles.

| | |
|---|---|
| Poudre (poids) . . . . . . . . . . . . . | 0$^{gr}$,60 |
| Etui (poids) . . . . . . . . . . . . . . . | 10$^{gr}$,10 |
| Fausse balle (poids) . . . . . . . . . . | 0$^{gr}$,40 |
| Étui (longueur) . . . . . . . . . . . . . | 53$^{mm}$,5 |
| Fausse balle (longueur) . . . . . . . . . | 51$^{mm}$ |
| Fausse balle (diamètre) . . , . . . . . . | 6$^{mm}$,7 |

Il y a quelques années, ajoute Quanjer, j'ai traité ce même sujet dans une conférence faite à l'une de nos « Réunions des médecins militaires », et j'ai tenté à cette époque quelques expériences sur des cibles de papier à filtrer, afin de déterminer les distances maxima auxquelles les gaz produisent encore quelques effets.

Voici les résultats auxquels je suis arrivé avec notre fausse balle :

1° L'énergie, même des plus gros fragments, est nulle à une distance de 7 mètres;

2° Les cibles de papier à filtrer se déchirent jusqu'à 1 mètre (distance où l'action des gaz prédomine encore, comme en France et en Autriche);

3° Au delà de 3$^{m}$,50, il n'y a plus d'action à constater sur les cibles de papier à filtrer.

4° Le plus gros fragment de ces fausses balles, que j'aie trouvé dans mes tirs d'expérience, pesait 30 milligrammes.

5° Dans notre armée, nous n'avons pas jusqu'ici observé d'accident grave ou mortel, produit par ces projectiles d'exercice.

## VI. — Roumanie.

En Roumanie, nous écrit notre ancien camarade du Val-de-Grâce, le Medic Maior Butza, l'armée est dotée d'un fusil Mann-licher de petit calibre ($6^{mm},5$).

Cette arme tire, dans les exercices du service en campagne, une fausse balle en bois creux, qui a la forme et les dimensions de la vraie balle.

Elle se compose :

1° D'un étui métallique ($d$) ;

2° De $1^{gr},50$ de poudre sans fumée (Güttler) ($c$) ;

3° D'une bourre de laine ($b$) ;

4° D'une fausse balle en bois de tilleul creux ($a$).

La partie centrale de la fausse balle est perforée depuis sa

base, jusqu'à une distance de 8 millimètres environ de son extrémité libre et présente un canal d'un diamètre de $1^{mm},5$ à 2 milli-mètres. Cette cavité creusée dans l'épaisseur de la balle permet aux gaz d'y pénétrer et de la faire éclater, quand, à la sortie de l'arme, les parois de la balle ne sont plus soutenues par les parois du canon. (Fig. 8.)

Ces cartouches à fausse balle en bois creux sont, dit-on, moins dangereuses que nos anciens projectiles d'exercice, qui étaient en carton comprimé.

Pourtant, ajoute Butza, on a observé pen-dant les manœuvres royales du 2e corps d'armée, dans l'automne 1903, des blessures assez sérieuses et même mortelles, produites par ces balles en bois aux courtes distances.

Fig. 8.
Cartouche à blanc
de la Roumanie.

Deux de ces faits regrettables ont été, en effet, relatés par les medic maiors D<sup>rs</sup> Papiu et Urdareanu, dont nous allons résumer ici les observations.

*a.* — A la fin du mois de septembre 1903, le soldat réserviste N. N.., du régiment Argesh n° 4, reçoit à bout portant *un coup de feu à blanc dans la région précordiale.*

La capote, la tunique et la chemise sont perforées, maculées de poudre et de sang coagulé.

Après avoir enlevé ces vêtements, on aperçoit une peu au-dessus du mamelon gauche un orifice d'entrée de 9 à 10 millimètres, circulaire, noirâtre, présentant des bords à peu près réguliers : hémorragie abondante par la plaie. — On voit sous le muscle grand pectoral des fragments de balle. — Pas d'orifice de sortie.

Le blessé est transporté à l'hôpital, où il meurt après 7 jours de traitement.

*b.* — Le soldat A. J... du régiment Radn Negru n° 28, étant au corps de garde, un de ses camarades, *pour lui montrer que les cartouches à fausses balles sont inoffensives,* fit feu sur lui, à une distance d'un mètre environ, avec le fusil Mannlicher.

Une large plaie fut ainsi produite dans la région postéro-externe de la jambe gauche, à 3 doigts au-dessous de l'articulation du genou correspondant.

Le pantalon et le caleçon présentent un orifice d'entrée de 12 millimètres, avec déchirure de leurs tissus, en croix de Malte et les bords retroussés en dehors.

La plaie intéressant les parties molles présente un orifice d'entrée circulaire, ayant un diamètre de 9 à 10 millimètres, à bords réguliers, maculés d'un peu de sang ; la plaie présente un trajet rectiligne sur une longueur de 2 centimètres, puis se courbe en bas et en dedans, dans la direction du tibia ; un morceau d'étoffe est retrouvé dans le trajet.

Après l'application d'un pansement antiseptique, le blessé est évacué sur l'hôpital militaire de Bucarest, d'où il sort complètement guéri, après deux mois de traitement.

De tels accidents produits par les cartouches à fausses balles, ajoute Butza, sont assez fréquemment observés durant nos grandes manœuvres. Jusqu'à 5 mètres, les blessures constatées

sont toujours sérieuses, surtout si la fausse balle atteint une
région importante.


### VII. — Suisse.

L'Armée Suisse est dotée d'un fusil, système Schmidt,
$M^{le}$ 1889, du calibre de $7^{mm},5$, qui tire, dans les manœuvres à
double action, une cartouche à fausse balle en bois creux, peint
en vert.

Cette cartouche d'exercice, nous écrit notre ami, le $D^r$ de Mestral, est munie d'une balle conique en bois de tilleul, longue
de 3 centimètres, large de $7^{mm}5$, creuse sur une longueur de
25 millimètres, et simulant un vrai projectile. La charge est
de 0,77 centigrammes de poudre blanche sans fumée.

En 1900, le $D^r$ WALTER HENNE, dans sa thèse inaugurale (*die
Schussverletzungen durch die Schweizerischen Militär-Ge-
wehre*), a consigné un certain nombre d'accidents relevés dans
les Archives du médecin chef de l'armée suisse et survenus
depuis l'année 1891 à 1898. Tous ces accidents, qui n'ont
jamais entraîné la mort, ont pourtant nécessité des traitements
à l'hôpital d'une durée variant de huit jours à quatre mois.

Deux fois, l'accident fut suivi de la perte complète de la vue,
mais dans le plus grand nombre des cas, on a constaté des
impotences fonctionnelles assez marquées, à la suite de lésions
des membres ou des fractures de métacarpiens.

A ce sujet, Henne entreprit quelques expériences sur du
savon mou et sur des cadavres, dont il résume ainsi les
résultats :


*a. — Tirs à blanc faits sur des blocs de savon mou.*

A 1 *mètre*. — Plusieurs dépressions dues à des éclats de bois
de 2 centimètres de long et de 3 millimètres d'épaisseur.

A 50 *centimètres*. — Excavation profonde de 3 centimètres
terminée en cône. — A la périphérie, nombreux petits éclats;

au fond de l'érosion, une véritable pelote de fibres ligneuses.

*A* 20 *centimètres*. — Tunnel profond de 5 centimètres, terminé en cône; — nombreuses fibrilles tapissant les parois.

*A* 5 *centimètres*. — Tunnel de 8 à 10 centimètres très évasé, aux parois remplies de fibrilles. — Au pourtour, une collerette grisâtre due à la déflagration de la poudre.

*A bout touchant*. — Éclatement du bloc de savon.


### b. — *Tirs à blanc faits sur des cadavres*.

*A* 1 *mètre*. — Plusieurs fragments ont pénétré, très disséminés, dans le tissu cellulaire sous-cutané.

*A* 50 *centimètres*. — Éclats plus grands, s'enfonçant dans les muscles à 2 centimètres de profondeur.

*A* 20 *centimètres*. — Des parcelles de bois sont arrivées jusqu'à l'os; les muscles sont très fortement déchiquetés.

*A* 5 *centimètres*. — Tunnel de la largeur de 1 franc; — au pourtour, des traces noires de poudre, les muscles sont déchiquetés et tapissés de parcelles ligneuses.

*A bout portant*. — Large ouverture béante, en forme d'entonnoir, aux parois tapissées de fibrilles.

En résumé, des accidents qu'il a observés et des expériences qu'il a faites, Henne conclut que *les cartouches suisses à fausse balle en bois peuvent occasionner des blessures jusqu'à la distance de 5 mètres.*


* *


A son tour, le D' de Mestral a relevé, au bureau de l'Assurance militaire fédérale, un certain nombre de blessures provoquées par ces fausses balles. En moyenne, il s'en produit une douzaine par an, mais jusqu'à présent les Suisses n'ont pas eu de décès à déplorer.

Voici quelques-uns de ces accidents très sommairement indiqués :

1° Un caporal reçoit un coup de feu à blanc, dans la région

du foie, d'un camarade placé à 1 mètre derrière lui. — Hémorragie, douleurs assez violentes. — Diminution de capacité de travail des deux tiers. (Indemnité : 2.000 francs ; rente viagère : 700 francs.)

2° Plaie du bras en nettoyant son fusil. — 36 jours d'hôpital.

3° Coup de feu à blanc dans l'œil droit, à 1 mètre de distance. — Énucléation de l'œil atteint.

4° Coup de feu à blanc de la face, à 5 mètres. — Suppuration.

5° Plaie du pied en nettoyant son fusil. — Guérison lente.

6° Coup de feu à blanc dans la région de l'oreille. — Surdité.

7° Plaie de l'index. — Extraction d'éclats. — 77 jours de traitement.

8° Plaie de l'aisselle. — Atrophie du deltoïde.

9° Plaie en séton du bras. — Impotence fonctionnelle marquée.

Sur les conseils de l'éminent Professeur Tavel, de Mestral fit une série d'expériences destinées à apprécier les effets dynamiques de ces fausses balles sur du carton, du savon et de l'argile, puis des expériences sur des lapins pour déterminer les effets vulnérants *in vivo*.


*Expériences sur les lapins (tirs sur la cuisse).*

Dans ces expériences, il faut surtout éviter de blesser la fémorale ou de fracturer le fémur, car l'animal succombe rapidement à des blessures aussi graves :

*A 5 centimètres.* — Trou en entonnoir de 6 centimètres de diamètre, profond de $2^{cm},5$ ; — plaie déchiquetée ; — nombreuses fibres ligneuses.

*A 10 centimètres.* — Trou en entonnoir de 4 centimètres de diamètre et $1^{cm},5$ de profondeur.

*A 25 centimètres.* — Perforation de $2^{cm},5$. — La peau est brûlée et criblée de petits éclats de bois dans une zone de 12 centimètres.

*A 50 centimètres.* — Plaie irrégulière avec 6 à 8 éclats de bois implantés dans les muscles.

*A 1 mètre*. — Une petite plaie avec trois éclats implantés.

*A 1 mètre* 50. — Plus de plaie, mais deux fragments de bois sont fixés dans la peau du scrotum.

* * *

Enfin, notre ami, le D<sup>r</sup> Lardy, de Genève, nous a également fourni trois observations inédites, dues à l'ancien fusil Vetterli : l'une, plaie perforante de la main appuyée sur la bouche de l'arme ; l'autre, plaie contuse du front, à 50 centimètres, suivie d'une suffusion sanguine énorme autour des yeux et d'un choc cérébral assez intense (guérison avec une cicatrice étoilée adhérente) ; enfin, la troisième, une plaie de la région dorsale, qui ne fut pas très pénétrante et qui guérit sans complication.

Parmi tous ces blessés, nos confrères suisses n'ont jamais constaté de tétanos.

### VIII. — Suède.

Depuis 1893, la Suède a remplacé son fusil Remington de 8 millimètres par une arme à répétition, de petit calibre, du type Mauser ($6^{mm},5$), qui tire des cartouches à fausses balles en bois creux, peint en rouge.

Ces fausses balles ont les mêmes dimensions que les balles réelles et sont susceptibles, aux courtes distances, de produire des blessures très graves.

Le médecin-major Fritz Netzler, de Stockholm, nous a envoyé, très obligeamment, des notes prises sur quelques accidents graves, observés dans l'armée suédoise.

Voici d'abord l'histoire de deux blessures mortelles :

1° Un soldat nettoyait son revolver. Il avait oublié d'enlever les cartouches à fausse balle que contenait le barillet : un coup partit et un proche voisin reçut dans l'abdomen, presque à bout portant, ce coup de feu à blanc. — Dans un état comateux, ce blessé fut transporté d'urgence à l'hôpital, où il mourut quelques jours après de péritonite.

4

2° En septembre 1903, un cavalier était nonchalamment appuyé sur sa carabine chargée à blanc. Le coup partit et la charge pénétra en pleine poitrine, où un vaste épanchement sanguin se fit rapidement. Le blessé ne tarda pas à succomber.

3° Netzler a aussi observé un soldat qui, dans une manœuvre à double action, reçut dans l'œil droit un coup de feu à blanc. Il fut obligé d'énucléer cet organe.

En 1904, ayant eu l'occasion d'assister à trois accidents produits par ces projectiles d'exercice, Netzler prit ces observations avec quelques détails, à notre intention.

a. — Plaie pénétrante de l'avant-bras gauche.

Le 4 juillet 1904, un soldat reçoit un coup de feu à blanc, tiré à 20 centimètres de distance, au niveau de la face postérieure de l'avant-bras gauche, à un travers de main au-dessus de l'articulation du poignet.

*Hôpital.* — Le bras est enflé jusqu'au coude ; — douleurs diffuses. — L'orifice d'entrée est circulaire, large comme une pièce de 50 centimes et tout noir de poudre. En fermant la main, le patient ressent une vive douleur dans tout le bras ; — la sensibilité est fortement diminuée dans la zone qui correspond au nerf radial.

Un débridement est pratiqué au niveau de l'orifice d'entrée ; — à travers des muscles dilacérés, on sent un tunnel qui traverse la membrane interosseuse. — On fait alors une incision de 10 centimètres sur la face antérieure.

Les muscles fléchisseurs de la main sont également lésés. On trouve là des fragments de bois et des caillots de sang. — Lavage antiseptique, drainage, tampons de gaze. — La plaie dorsale est suturée.

Un mois après, la blessure est presque complètement guérie. — Atrophie notable : l'index et le pouce gauches sont un peu paralysés, mais le massage et l'électricité finirent par rappeler la vitalité dans ce membre (Netzler).

### b. — *Plaie pénétrante de la partie postérieure de l'aisselle gauche.*

Le 12 août 1904, pendant une manœuvre, un soldat appuie son arme dans l'aisselle gauche. — Le coup part ; le fusil est chargé d'une cartouche à fausse balle en bois.

Ce faux projectile, entré à la partie postérieure de l'aisselle, se dirige et se perd vers l'omoplate.

Vive douleur, gêne respiratoire. — Le pouls radial est plus faible à gauche qu'à droite. La sensibilité est conservée et tous les mouvements articulaires sont possibles. — Le blessé ne peut pas élever et tenir le bras horizontalement.

Le lendemain, agrandissement de l'orifice d'entrée. Avec le doigt, on sent battre l'artère axillaire, qui est complètement dénudée sur 4 centimètres.

En arrière de l'épaule, on fait une incision de 6 centimètres, pour pouvoir explorer et drainer la fosse sous-épineuse. Là, on sent un tunnel, qui s'enfonce sous l'omoplate et d'où l'on retire des fibres musculaires hachées, des caillots sanguins et des débris ligneux de la fausse balle.

Cette blessure suppura longtemps. — Grande atrophie musculaire consécutive, mais les bains, les massages et l'électricité rendirent à la longue un peu de vigueur à ce membre (Netzler).

### c. — *Amputation d'une partie de la phalangine du pouce gauche par coup de feu à blanc.*

Désarticulation immédiate de ce tronçon de phalangine et le lambeau palmaire ainsi agrandi est suturé à la face dorsale de la première phalange.

Prompte guérison par première intention.

Ces six blessures professionnelles nous montrent les dangers des tirs à blanc et la force de pénétration des faux projectiles en bois creux.

### IX. — Norvège.

La Norvège est armée d'un fusil à magasin, système Krag-Joërgensen, M^le 1893, du calibre de 6$^{mm}$,5.

« La cartouche à fausse balle dont se servent nos soldats durant leurs manœuvres, nous écrit notre camarade, le D^r Reichborn-Kjennerud (*Sanitets Kaptein*), est faite en bois de bouleau depuis 6 ans. Avant cette époque, elle était faite en bois de tremble ou de tilleul, mais on fut obligé d'y renoncer, car elle ne se pulvérisait pas suffisamment. Il en fut de même d'un projectile d'exercice en pâte de bois qu'on avait essayé. »

La fausse balle actuelle est creuse à l'intérieur et a les mêmes dimensions que la vraie balle. Elle n'est pas peinte à l'extérieur; aussi pour éviter les confusions possibles, *l'étui métallique de ces cartouches à blanc porte à sa périphérie quatre rainures verticales.*

La poudre est sans fumée : C'est une poudre spéciale uniquement composée de fulmi-coton gélatiné seulement à la surface, tandis que celle des vraies balles est gélatinée dans sa masse entière. En raison du petit degré de gélatinisation, sa rapidité d'inflammation est beaucoup plus vive que celle de la poudre à balle : cela est nécessaire pour que la poudre puisse brûler entièrement dans son passage à travers le canon du fusil.

La quantité de poudre est de 60 à 70 centigrammes. Il n'y a pas de bourre interposée entre la poudre et la balle en bois.

Enfin, quoique ces blessures professionnelles ne soient pas très fréquentes en Norvège, il ne se passe pas d'année sans que la presse ne relate quelque cas survenu à la caserne ou dans les grandes manœuvres.

Voici quatre accidents dont notre camarade a eu personnellement connaissance :

1° Etant aux manœuvres de 1903, un soldat reçut une fausse balle dans la cuisse droite : le coup de feu a été tiré à environ 1 mètre de distance. Quelques fragments de bois furent extraits de la blessure, qui était cicatrisée au bout d'un mois.

2° En 1904, un soldat reçut, à plus d'un mètre de distance, un coup de feu à blanc dans la partie supérieure du bras droit. Quelques fragments de bois pénétrèrent dans le biceps, d'où ils furent retirés. Le blessé quitta l'hôpital peu de temps après, mais il conserva longtemps encore de la raideur et de l'atrophie musculaire de ce membre.

3° En 1905, la statistique de l'armée enregistra un accident sérieux par coup de feu à blanc : il s'agissait d'un soldat atteint par une fausse balle au niveau de l'œil gauche. — Cet homme se trouvait à environ 2 mètres de distance du tireur. — La conséquence de ce traumatisme fut la perte de la vision de cet œil.

4° En 1897, dans la *Revue de médecine militaire de Norvège* (*Norsk Tidsskrift for Militærmedicin*), on a décrit l'accident survenu à un cadet, qui fut atteint au niveau du pied droit d'un coup de feu à blanc. La fausse balle traversa l'empeigne très épaisse du soulier et perfora le pied. Le trou, fait dans la chaussure, avait un très faible diamètre. Le petit doigt était fracturé transversalement et la région de l'ongle arrachée. Les lèvres de la blessure étaient noires et déchiquetées. Quelques fragments de bois furent extraits, mais pendant trois mois, malgré une exploration minutieuse, de petits éclats de bois venaient se montrer au fond de la plaie et entretenaient la suppuration. — Guérison lente.


## X. — Danemark.


En 1889, après plusieurs essais comparatifs, le Danemark adopta un fusil à répétition, du calibre de 8 millimètres (système Krag-Joërgensen).

Dans les manœuvres à double action, les troupes danoises utilisent des cartouches d'exercice à fausses balles en bois creux, cylindro-coniques, ayant les mêmes dimensions que les cartouches de guerre.

Dans l'intérieur de l'étui on trouve un gramme de poudre sans fumée. Pas de bourre sur la charge de poudre.

Avec une extrême amabilité, l'éminent médecin Inspecteur Général du service de santé de l'armée danoise a bien voulu nous communiquer ces divers renseignements et nous résumer les cinq accidents par coup de feu à blanc, qui ont été portés à sa connaissance, depuis quatre ans :

1° Le 14 septembre 1901, pendant une manœuvre de nuit un artilleur fut blessé, au niveau de l'hypochondre droit, par un coup de feu à blanc. L'orifice d'entrée siégeait sur la neuvième côte et le séton se dirigeait vers la crête iliaque. Pas d'orifice de sortie. Pas de réaction péritonéale. Guérison en trois semaines.

2° Le 15 août 1902, un hussard de la garde était occupé à nettoyer sa carabine, dans laquelle il avait oublié, par mégarde, une cartouche à blanc. Soudain le coup part et le hussard est atteint au niveau du tibia gauche sur lequel on constate une excavation centrale profonde et plusieurs petites plaies contuses périphériques. Pas d'orifice de sortie. Guérison en quatre semaines.

3° Le 16 septembre 1904, pendant une manœuvre, un artilleur fut atteint, presque à bout portant, d'un coup de feu à blanc au niveau de l'épaule droite. Là, on constata une plaie perforante large de 2 centimètres et profonde de 5 à 6 centimètres, d'où on retira de nombreux fragments de bois. Guérison en trois semaines.

4° Le 3 juillet 1905, un fantassin, pendant une manœuvre, heurtait la crosse de son fusil contre un bloc de pierre. Le chien s'abattit et le soldat reçut un coup de feu à blanc, à la partie supero-interne du bras gauche. — Plaie profonde. — Orifice d'entrée large comme une pièce de cinquante centimes, léger emphysème périphérique. — Pas d'orifice de sortie. — Guérison lente en cinq à six semaines.

Deux mois plus tard, le blessé entrait à nouveau à l'hôpital, se plaignant de vives douleurs au niveau du bras, où l'on pouvait constater un certain empâtement.

Incision et ablation de nombreux fragments de bois. — Atrophie musculaire. — Guérison lente en sept semaines.

5° Un fantassin de la garde royale vient d'être atteint d'une

plaie assez superficielle de l'avant-bras gauche par coup de feu
à blanc. — Atrophie musculaire. — Impotence fonctionnelle
assez marquée. — Guérison en huit semaines.


* *
*


## C. — CARTOUCHES A BLANC SANS FAUSSE BALLE


### I. — Angleterre.


En 1889, l'Angleterre a adopté un fusil à répétition Metfort-
Lee, du calibre de $7^{mm},7$, avec cartouches tirant un explosif sans
fumée, la *cordite*,

« L'armée anglaise, nous écrit M. le médecin-major FIRTH,
ancien professeur d'hygiène à l'école de Netley, ne possède pas,
à proprement parler, de cartouches à fausse balle.

Pendant les manœuvres ou pendant les combats figurés (*in
sham fights*), les soldats anglais font usage de cartouches à
blanc, qui sont des cartouches ordinaires contenant un peu de
*cordite*, mais sans faux projectile.

Aussi, lorsque le coup part, il y a simplement production de
bruit et aucun projectile n'est chassé hors du fusil.

L'emploi de ces cartouches à blanc n'a donné lieu, à ma
connaissance, à aucun accident grave ou mortel dans nos
manœuvres à double action. »

Le professeur Stevenson, qui vient d'écrire un beau livre sur
*les Blessures de guerre*, est persuadé que ces cartouches à blanc
peuvent être très dangereuses aux courtes distances, mais il n'a
observé aucun fait semblable.

Cependant Atkinson, aux Indes, cite l'observation d'un enfant
qui fut atteint de plaie perforante de l'abdomen par coup de feu
à blanc (Blank cartridge). — Rupture de la fémorale. — Péritonite. — Mort. — (*Lancet*, 1892.)

## II. — Grèce.

« En Grèce, nous écrit notre camarade le Dr Manoussou, médecin principal de l'hôpital militaire d'Athènes, on n'a pas adopté, pour des raisons budgétaires, une arme à petit calibre. Nos troupes sont encore armées du fusil Gras, M{le} 1874, de 11 millimètres de diamètre.

« La cartouche à blanc des manœuvres est la cartouche métallique ordinaire chargée de 4 grammes de poudre noire avec fumée : A la place de la fausse balle, on met une rondelle de carton.

« Dans nos manœuvres, nous avons observé quelques cas de plaies contuses, produites aux courtes distances sur les surfaces découvertes du corps, avec incrustation de grains de poudre ou des fragments de carton, mais nous n'avons jamais noté de blessures mortelles. »

## III. — Brésil.

L'armée Brésilienne est dotée d'un fusil Mauser (modèle brésilien), du calibre de 7 millimètres, à répétition.

Le colonel d'état-major Fernandès de Almeida, directeur de la fabrique de cartouches et artifices de guerre à Realengo, nous a fait parvenir très aimablement les renseignements que nous avions sollicités auprès de lui.

Les troupes brésiliennes ne font pas usage de cartouches à fausses balles. Pour leurs tirs à blanc, elles emploient des cartouches métalliques ordinaires, dans lesquelles on met 80 centigrammes de poudre très vive, sans fumée. Une bourre maintient en place cette poudre.

Au Brésil, les blessures par coups de feu à blanc sont rares et bénignes : on n'a pas encore enregistré de décès. Le colonel de Almeida, comme notre excellent confrère, le Dr Maximino Maciel, professeur au Collège militaire de Rio-Janeiro, ont constaté quelques brûlures légères, mais jamais de traumatisme grave ou mortel.


## IV. — Japon.

Le Japon a adopté pour ses troupes un fusil à répétition du système Mourata, du calibre de 8 millimètres, qui tire dans les manœuvres à double action des cartouches à blanc de même diamètre.

Cette cartouche d'exercice renferme, dans un étui métallique ordinaire (*d*), 1$^{gr}$,40 de poudre sans fumée (*c*). Sur la poudre se trouve une bourre de coton (*b*), pesant 20 centigrammes et maintenue par une rondelle de carton (*a*). La cartouche complète pèse 14 grammes environ. On permet quelque tolérance dans les quantités de poudre et de coton. (Fig. 9).

Le D$^r$ *Haga, Generaloberarzt, in der Kaiserlich Japanischen Armee*, professeur de chirurgie militaire à Tokio, dont l'amabilité et le savoir professionnel ont été si hautement appréciés par nos blessés d'Hiroshima, lors des troubles de Chine (1900-1901), s'est empressé de nous renseigner sur les propriétés balistiques de la fausse balle japonaise.

Qu'il reçoive ici le public hommage de notre bien vive et respectueuse sympathie!

Voici ce qu'il nous a écrit :

« Au Japon, les blessures par cartouches à blanc sont rarement constatées; j'en ai pourtant observé un cas, en 1899, chez un fantassin en patrouille, qui fut blessé au niveau du maxillaire supérieur et de l'œil droit : cette blessure s'est produite à la distance d'un mètre environ.

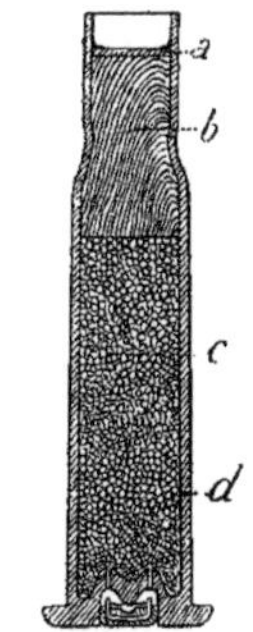


Fig. 9.
Cartouche sans
fausse balle du
Japon.

Transporté d'urgence à l'hôpital militaire de Tokio, on retira de sa blessure plusieurs éclats osseux de la grosseur d'un pois ; la face était tatouée de grains de poudre incrustés.

Vers la partie supérieure droite du nez se trouvait une perforation de la grosseur du petit doigt, qui pénétrait de 4 centimètres dans le sinus maxillaire ou antre d'Hygmore.

L'œil droit était violemment contusionné, avec perforation de la cornée et enclavement de l'iris dans les lèvres cornéennes. — Chémosis bulbaire consécutif et fort œdème palpébral.

L'œil gauche est normal; pas de corps étranger, mais larmoiement et photophobie intenses.

L'œil blessé présenta des phénomènes d'irido-choroïdite, mais après l'extraction de tous les grains incrustés et de tous les débris osseux, la cicatrisation se poursuivit lentement et fut complète au bout de deux mois. »

Intéressé par cette observation, l'aide-major Issagaki fit, sous la direction du professeur Haga, des expériences avec les cartouches à blanc japonaises sur des cibles en papier, en zinc et sur des crânes humains.


a. — Tirs à blanc sur des cibles en papier.

A 3 et 4 mètres, aucune empreinte.

A 2 mètres, de nombreux grains de poudre sont visibles; il y a quelques perforations de 2 centimètres dans le papier.

A 1 mètre, les perforations sont encore plus nombreuses et plus grandes, de 3 à 6 centimètres.


b. — Tirs à blanc sur des plaques de zinc<br>(bidons de pétrole vides).

A 70 centimètres, il y eut de nombreuses perforations et une déchirure centrale assez grande, de 2 centimètres sur 3.


c. — Tirs à blanc sur des crânes recouverts des parties molles.<br>Tirs dirigés sur les joues et les tempes.

A $1^m,20$, les grains de poudre s'incrustent dans la peau.

A 1 mètre, les balles d'ouate pénètrent 3 fois sur 13 coups de
feu dans les parties molles et s'enfoncent jusqu'à l'ossature
faciale.

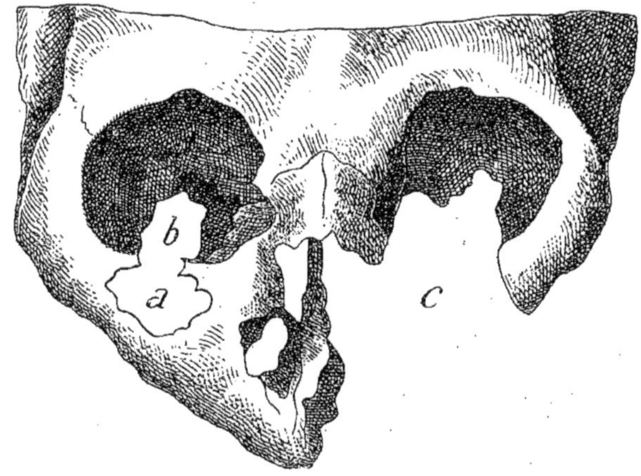

Fig. 10.
Tirs à blanc au niveau des joues.

A 80 centimètres, on observé une fois sur 4 coups la fracture
de l'arcade sourcilière.

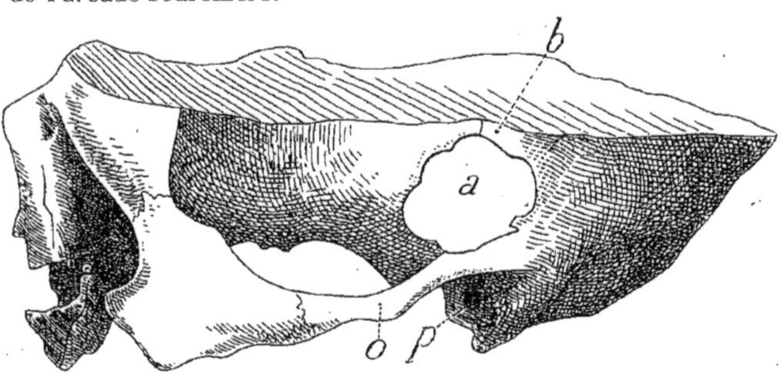

Fig. 11.
Tirs à blanc au niveau des tempes.

A 70 centimètres, sur 8 coups, on produit une fracture du
frontal ; d'autres coups font sauter le plancher de l'orbite (*b*) et
font éclater l'antre d'Hygmore (*abc* Fig. 10).

A 65 centimètres, tir au niveau de la tempe : on obtient un trou (*a*) de $2^{cm},5$, immédiatement situé au-dessus du conduit auditif externe et de l'arcade zygomatique (Fig. 11).

Ces expériences prouvent que les cartouches à blanc japonaises sont dangereuses, à partir de 2 mètres, pour les yeux, qu'elles produisent des blessures graves à partir d'un mètre, et qu'à 70 et même 80 centimètres, les os du crâne sont perforés.

« Au départ du coup, le bouchon d'ouate doit probablement se rouler dans l'âme du canon en forme de balle et agir alors sur le but comme un corps solide. » (D<sup>r</sup> Haga.)

# CHAPITRE III

Effets dynamiques et vulnérants des cartouches à blanc. — Effets
dynamiques et vulnérants de ces cartouches sans la fausse balle. —
Étude des déchirures vestimentaires produites par ces projectiles
d'exercice. — Explosion à l'air libre des étuis des cartouches à
fausse balle. — Projectiles secondaires et balles réelles lancés par
des cartouches à blanc. — Expériences diverses. — Déformations
des étuis. — Appareils protecteurs contre les coups de feu homi-
cides des manœuvres.

## A. — EFFETS DYNAMIQUES ET VULNÉRANTS
### DES CARTOUCHES A FAUSSE BALLE

Schématiquement, un coup de feu à blanc représente une
gerbe de gaz, qui va en s'élargissant, à mesure qu'elle s'éloigne
de l'arme.

Au sortir du canon, les filets gazeux sont groupés en un fais-
ceau compact, qui broie tout sur son passage.

Le projectile-air fait balle aux courtes distances, mais bientôt,
au lieu de rester unis et parallèles, ces filets gazeux divergent,
se mélangent à l'air atmosphérique qu'ils actionnent et qu'ils
font tourbillonner.

Dès lors, leur force initiale, qui est très vive jusqu'à 30 et 40 centimètres de l'arme, s'atténue rapidement à un tel point qu'au-
delà d'un mètre, les grains de poudre ne peuvent plus léser que
des organes découverts ou délicats, comme les yeux, et à
4 mètres, ils ne sont même plus capables de rompre la baudru-
che tendue d'un petit ballon d'hydrogène.

Aussi, en raison de cette prompte dispersion de la vitesse

initiale, les mesures chronographiques des vitesses sont inapplicables ici, et « on en est réduit, dit Annequin, à juger des effets de la fausse balle et de ses débris, aux diverses distances, par l'étude des empreintes obtenues en tirant sur des cibles ».

Et tout d'abord, quelles sont la forme et l'étendue de cette gerbe de gaz et de débris de carton ? Pour ce faire, réalisons la simple expérience que voici :

### I. — Tir horizontal d'une cartouche a fausse balle sur du papier blanc étendu sur le sol

Dans ce tir horizontal, tous les débris de poudre et de carton projetés par la déflagration des gaz ne tardent pas à obéir aux lois de la pesanteur et tombent à terre, quand la force vive communiquée est épuisée.

C'est entre $1^m,50$ et 3 mètres qu'on trouve le maximum de débris, les uns très fins, les autres assez gros (30 ont environ $1^{cm2}$ de surface). En-deçà de cette zone, on voit un semis de fines pulvérisations de poudre comburée et au-delà de nombreux grains de poudre incomplètement brûlés et quelques fragments de carton plus volumineux.

Cependant, nous n'avons jamais trouvé *le bout ogival de ces fausses balles « toujours plus épais et plus dense que les parois »*, bout si souvent accusé de tous les méfaits par Dupeyron, Annequin et Boppe.

Quelques rares fragments ont $1^{cm2},5$ d'étendue et sont projetés à 5, 6 mètres et une fois à 7 mètres.

Enfin, en circonscrivant d'un gros trait noir tous ces débris de poudre et de carton, on dessine sur le papier comme une longue feuille ovalaire, ou mieux encore une vaste raquette, dont le manche aurait de 30 à 50 centimètres. La forme de ces raquettes diffère un peu d'une balle à l'autre, preuve évidente que leur composition n'est pas toujours identique.

## II. — Tirs a blanc sur des ballons d'hydrogène

Pour se faire une idée nette de la zone dangereuse de ces fausses balles, rien n'est plus suggestif que d'exécuter quelques tirs à blanc sur de gros ballons d'hydrogène, bien gonflés, qui servent de jouets aux enfants. (3 cartouches à blanc par distance).

Voici les résultats que nous avons obtenus :

Trois tirs à 10 mètres. . . . . . . rien ;

Trois — à  7  — . . . . . . . rien ;

Trois — à  5  — léger balancement des ballons, dû au simple déplacement de l'air.

Trois — à  4  — violente propulsion des ballons.

Trois — à $3^m,50$, rien aux deux premiers tirs, au $3^e$ nous produisons un petit trou circulaire par lequel l'hydrogène s'échappe lentement : les deux premiers coups n'avaient déterminé qu'une violente propulsion des ballons.

*A 3 mètres*, ces ballons sont rompus à chaque coup et le caoutchouc, partagé en deux ou trois fragments, est projeté sur le sol.

En résumé, à 3 mètres, l'éclatement de ces ballons s'est produit à chaque tir, tandis qu'à $3^m,50$, ce n'est qu'au troisième coup qu'un grain de poudre non comburée a probablement perforé l'enveloppe caoutchoutée.

Ces expériences nous paraissent très concluantes et *montrent bien qu'à 5 mètres, ces fausses balles sont sans danger, tandis qu'à $3^m50$ une cornée aurait pu être perforée, comme ce ballon, par un grain de poudre non comburé.*

## III. — Tirs a blanc sur des cibles de papier écolier

A 50 *centimètres*, les feuilles volent en éclats et les fragments examinés sont criblés de petites perforations minuscules très denses, surtout au centre.

A 1 *mètre*, ces feuilles résistent, mais elles sont encore criblées de petites perforations.

A 1ᵐ,50, nous relevons environ 100 empreintes, dont 40 petites perforations et 4 grains de poudre sont restés incrustés dans la fine trame de la feuille.

A 2 *mètres*, nous trouvons environ 50 empreintes, dont 20 perforations et 4 incrustations de grains.

A 2ᵐ,50, nous ne notons plus que 15 empreintes dont 4 perforations et 2 incrustations de grains.

A 3 *mètres*, 8 empreintes dont 2 perforations ; pas d'enclavement.

A 3ᵐ,50, 2 empreintes ; pas de perforation, pas d'incrustation.

## IV. — Tirs a blanc sur des courges

A 3 *centimètres* (Fig. 12).

Perforation centrale circulaire, large de 2 centimètres, à bords taillés à pic.

13 fissures radiales très longues.

Fig. 12.

Tirs à blanc sur des courges.

A la partie supérieure de l'orifice, notable éclatement semi-lunaire.

Désorganisation interne des stratifications des graines.

*A 5 centimètres* (Fig. 13).

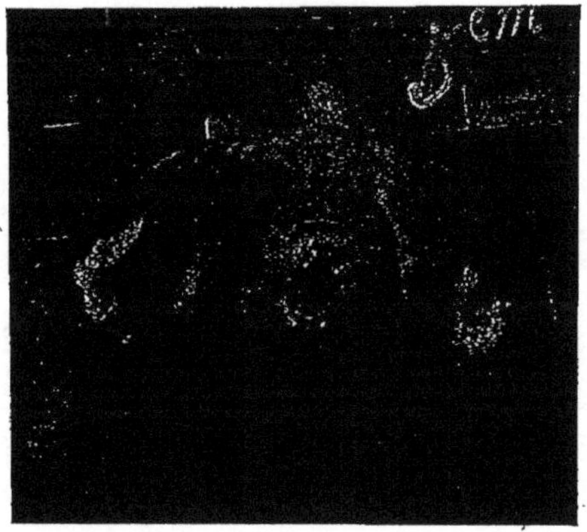

Perforation pénétrante, circulaire, large de 1 centimètre et demi, à bords moins taillés à pic, 10 fissures radiales moins longues. Partie supérieure, éclatement semi-lunaire. Désordres internes moins prononcés.

*A 10 et 15 centimètres* (Fig. 14).

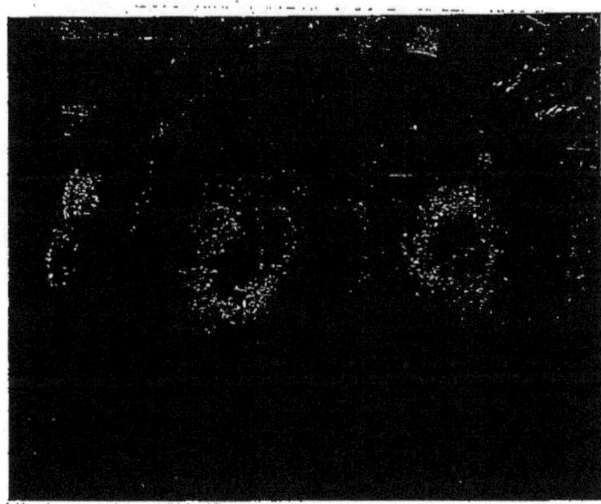

Plus de fissures, plus d'éclatement; perforation en entonnoir de 6 centimètres de profondeur; légère collerette d'érosions périphériques. La force de pénétration diminue au centre, la gerbe s'élargit; la zone contuse périphérique parait et grandit.

5

*A 25 et 30 centimètres* (Fig. 15).

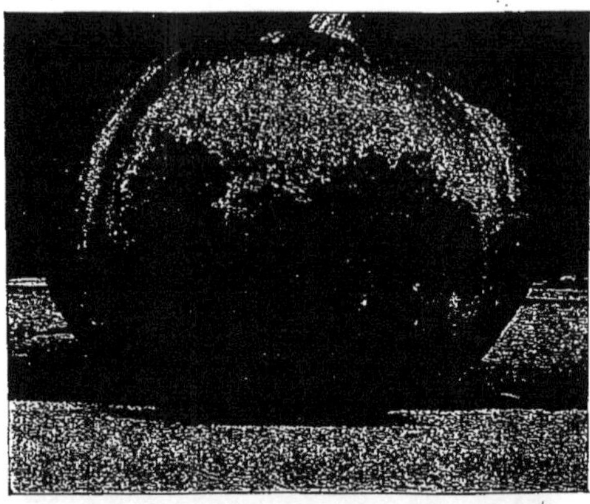

*A 25 centimètres*, perforation centrale de 2 centimètres de profondeur; large collerette érosive circulaire. — *A 30 centimètres*, plus de perforation centrale nette; vaste zone contuse avec perforations parcellaires. — *Entre 30 et 40 centimètres*, il y a une véritable ligne de démarcation entre l'action perforante, qui s'atténue et disparaît, et l'action contondante qui s'élargit et prédomine.

*A 50 centimètres* (Fig. 16).

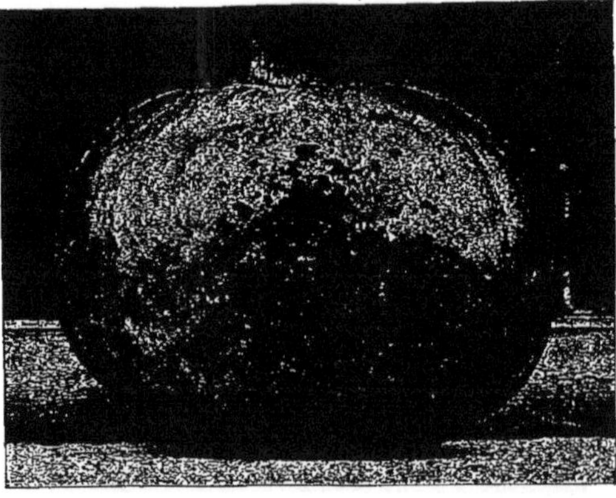

*A 50 centimètres*, vaste zone contuse au centre; éparpillement de nombreux grains périphériques. — *A 75 centimètres*, plus de zone contuse centrale; des grains disséminés, faiblement pénétrants. — *De 1 à 2 mètres*, quelques grains rendus visibles par la transsudation séreuse de la courge.

V. — TIRS A BLANC SUR UNE CIBLE DE CARTON ÉPAIS (6 MILLIMÈTRES). (Fig. 17.)

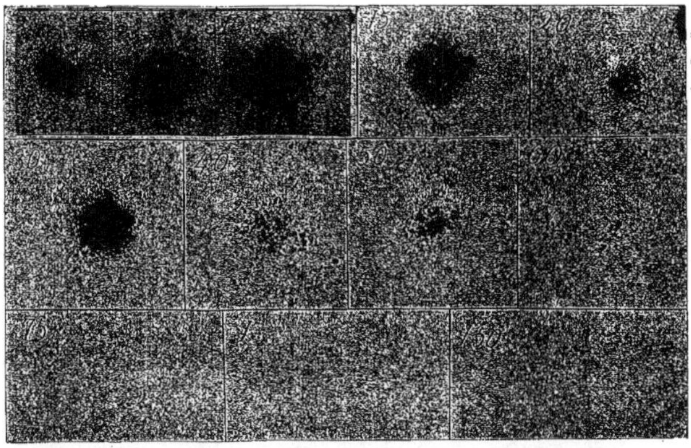

*De 3 à 15 centimètres*, perforation centrale ; le carton bombe fortement en arrière. — *De 15 à 30 centimètres*, perforations parcellaires et criblure périphérique. — *De 40 à 60 centimètres*, grains disséminés, assez fortement pénétrants. — *De 75 centimètres à 1 mètre 50*, quelques grains disséminés : des parcelles de carton, n'ayant plus la force de pénétrer complètement dans la cible, font une saillie en dehors.

## VI. — TIRS A BLANC SUR DES PLANCHES DE SAPIN (27 MILLIMÈTRES). (Fig. 18).

Sur une planche de sapin les résultats sont identiques aux précédents. — Aux courtes distances *de 3 à 15 centimètres*, le bois est fendu, affouillé, mais les fibres ligneuses disséquées persistent. — (Sur ces deux photographies (carton et bois), la ligne de démarcation entre 30 et 40 centimètres, dont nous avons déjà parlé, est très nettement accusée.

## VII. — Tirs a blanc sur une cible d'argile (Fig. 19).

Comme Boppe, nous avons tiré à toutes les distances, sur une grande cible de terre glaise de 10 centimètres d'épaisseur et d'un mètre carré de surface.

Fig. 19.

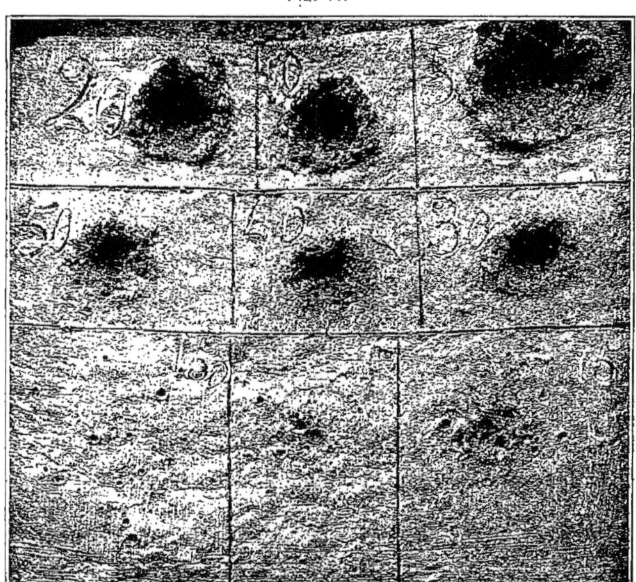

Tirs à blanc sur une cible d'argile.

A 5 *centimètres*, vaste anfractuosité circulaire, à bord inférieur légèrement éversé en dehors, à bord supérieur irrégulier, déchiqueté, à fond concave irrégulier. — Largeur du trou 15 centimètres, hauteur 12, profondeur 8.

A 10 *centimètres*, trou circulaire moins large et moins profond que le premier, à bords déchiquetés et légèrement éversés en dehors. — Largeur du trou 8 centimètres, hauteur 7, profondeur 6.

A 20 *centimètres*, trou circulaire plus large, plus évasé, en forme d'entonnoir, à bords plus craquelés, et moins profond. — Largeur 11 centimètres, hauteur 9, profondeur 4.

A 30 *centimètres*, trou circulaire moins large et moins profond en forme d'entonnoir : les bords sont saillants et réguliers. — Largeur 6 centimètres, hauteur 6, profondeur $2^{cm},5$.

A 40 *centimètres*, trou central irrégulier, en forme d'un H très large. A la périphérie de cette excavation, une criblure de perforations parcellaires, surtout prononcées à la partie inférieure. — L'action contondante remplace l'action perforante. — Le disque de ces criblures périphériques égale 15 centimètres.

A 50 *centimètres*, petite excavation centrale irrégulière avec une criblure périphérique encore plus prononcée, formant un disque de 20 centimètres.

A 75 *centimètres*, plus d'action perforante centrale ; il n'y a plus qu'un amas de perforations parcellaires disséminées.

A 1 *mètre*, perforations parcellaires plus faibles et plus disséminées encore.

A $1^m,50$, perforations parcellaires très disséminées.

Les dégâts produits sur cette cible sont d'autant plus intéressants « que l'argile, suivant Delorme, est une substance dont la résistance est à peu près celle des tissus animaux ».


VIII. — TIRS A BLANC SUR UN BLOC DE SAVON MOU (Fig. 20).


Comme Henne, nous avons tiré sur une bande de savon mou de Marseille et voici les empreintes que nous avons constatées aux diverses distances :

A 5 *centimètres*, vaste perforation circulaire, à bords taillés à pic, sauf dans la partie inférieure, qui est très déchiquetée. A la périphérie, un semis de fines particules de carton. — Largeur 8 centimètres, hauteur 7, profondeur 7.

A 10 *centimètres*, perforation circulaire, étroite, à bords taillés à pic. — Largeur 4 centimètres, hauteur 5, profondeur 4.

A 20 *centimètres*, large perforation en entonnoir assez régu-

Fig. 20.

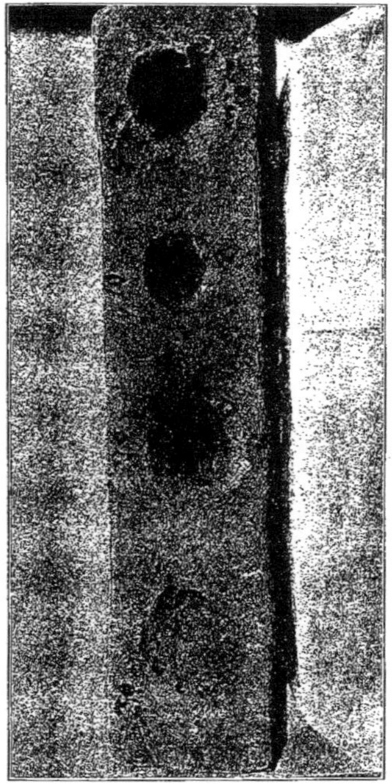

Tirs à blanc sur une bande de savon mou.

lièrement circulaire, pas très profonde, à bords évasés et déchiquetés.

A 30 *centimètres*, large perforation centrale peu profonde, avec des perforations parcellaires à la périphérie.

A 40 *centimètres*, la zone contuse augmente.

A 50 *centimètres*, on ne voit plus que des perforations parcellaires assez groupées.


## IX. — Tirs a blanc sur des os d'animaux

a. — *Tirs sur l'omoplate et les diaphyses fémorales d'un veau.*

A 25 *centimètres*, sur l'omoplate d'un veau, on obtient une vaste perte de substance avec de nombreuses fissures radiées.

A 5 *centimètres*, sur le condyle fémoral d'un veau, on produit un trou circulaire, petit, à bords taillés à pic, comme avec un projectile métallique.

A 5 *centimètres*, au milieu de la diaphyse fémorale d'un veau, on produit un vaste éclatement ; l'os est partagé en deux parts à peu près égales.

A 10 *centimètres*, sur l'autre diaphyse fémorale, le périoste seul est soulevé, mais à cette distance la paroi osseuse a résisté.

b. — *Tirs sur l'os iliaque d'une vieille vache.*

A 5 *centimètres*, perforation circulaire de 2 centimètres, comme à l'emporte-pièce.

A 10 *centimètres*, traces noirâtres à peine marquées et dues à des incrustations de carton et de poudre comburée. Pas de dépression ni de perforation.

c. — *Tirs sur la diaphyse fémorale d'un bœuf.*

A 5 *centimètres*, vaste éclat diaphysaire.

A 10 *centimètres*, le fémur n'est ni fêlé, ni fracturé.

En un mot, *sur les os résistants, il faut que le canon soit presque à bout touchant (de 0 à 5 centimètres), pour produire des lésions à l'emporte-pièce ; à 10 centimètres, la vitesse initiale de ce projectile gazeux n'est plus assez forte pour pénétrer le tissu compact des os adultes.*

X. — Tirs a blanc sur un chien récemment sacrifié
par section du bulbe. — (Épagneul de haute taille, 7 ans)

A 5 *centimètres*, au niveau de l'abdomen (côté droit) trou
circulaire, régulier ; le pourtour est à peine brûlé, large de
2 centimètres et haut de 1$^{cm}$,5. — Les anses intestinales sont

Fig. 21.

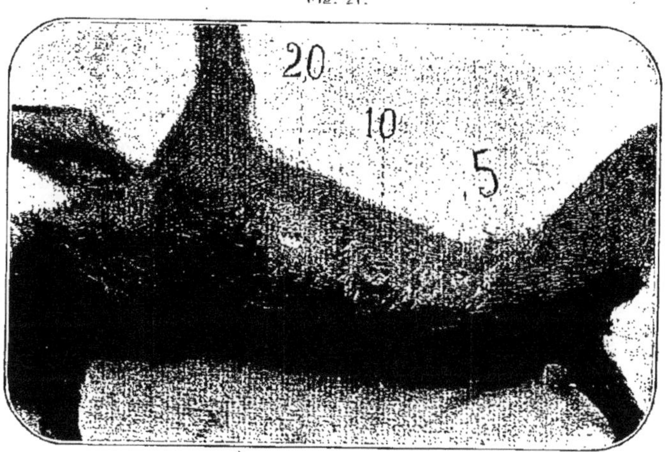

Tirs à blanc sur un chien.

visibles au fond de la plaie, mais non herniées. Les parois musculaires sont sectionnées à l'emporte-pièce.

A 10 *centimètres*, au niveau du rebord des fausses côtes,
large plaie pénétrante en forme d'entonnoir : la section musculaire n'est plus aussi nettement faite. A la périphérie du cratère, une collerette de grains de poudre disséminés.

A 20 *centimètres*, au niveau du thorax, plaie contuse, irrégulière, non pénétrante ; la peau a été entamée, mais les plans
profonds ont résisté. (Fig. 21).

Autopsie du chien. — *Coup de feu à blanc dans l'abdomen, à 5 centimètres.* — Ouverture en croix. *Le gros intestin*

*est rompu de part en part, la perforation intestinale est très étendue, environ 3 centimètres.* Le rein droit est déchiré du bord externe au bord interne, dans sa partie médiane ; la capsule rénale a éclaté. Dans l'intérieur de cette enveloppe, on trouve un magma fait de débris de carton et de sang coagulé.

La rate a été sectionnée à sa partie externe : elle présente une perforation avec de nombreuses fissures qui s'irradient.

Aucun gros vaisseau n'a été lésé ; cependant on constate dans le petit bassin un épanchement sanguin assez notable, environ 75 centilitres de sang.

*A* 10 *centimètres, région hépatique.* — Fracture de la 8e côte, orifice et trajet permettant l'introduction de l'index. Plaie perforante du foie au niveau de son lobe moyen, avec fissures d'éclatement.

Infarctus pulmonaire à la base du poumon droit.

Quelques suffusions sanguines au niveau du ventricule gauche dues probablement à la propulsion des gaz.

*A* 20 *centimètres, région thoracique* — Le coup de feu n'a pas traversé la paroi : les parties molles seules ont été intéressées ; pas de fractures de côtes.

En somme, les organes glandulaires splanchniques (foie, rate, reins, etc.) ont été très gravement lésés. Le gros intestin n'a pas été épargné par ce projectile-air, puisqu'il a été perforé de part en part à 5 centimètres et que l'intestin grêle a lui aussi présenté une série de petites perforations, faites à la distance de 10 centimètres.


## XI. — TIRS A BLANC SUR DES CADAVRES
### (EXPÉRIENCES DE CHUPIN)


Pour montrer le danger des coups de feu à blanc, notre camarade Chupin a fait quelques expériences sur le cadavre, que nous allons rapporter ici brièvement.

1° *Coup de feu à bout portant sur le sternum.*

Perforation du sternum, de la dimension d'une pièce de cinquante centimes, plaie perforante du poumon droit, profonde de 3 centimètres, ouverture du sac péricardique et plaie pénétrante de 3 centimètres de long, intéressant l'oreillette droite.

2° *Quatre coups de feu dans la région abdominale.*

*a) Coup tiré à bout portant dans l'hypochondre gauche.* — Ouverture de 2 centimètres dans la paroi, le péritoine déchiré fait hernie à travers la plaie; pas de perforation intestinale.

*b) Coup tiré à 10 centimètres.* — Mêmes lésions de la paroi; sur l'épiploon on constate des débris de carton; pas de perforation intestinale

*c) Coup tiré à 25 centimètres.* — Foyer intra-musculaire considérable, nombreux débris de carton incrustés, mais pas de pénétration péritonéale.

*d)* Enfin, dans la quatrième expérience, Chupin a *tiré à bout portant sur le foie, avec une cartouche sans bourre.* Le pourtour de la plaie est noirci, brûlé, incrusté de débris comburés de poudre. La face convexe du foie présente en outre une plaie étoilée profonde de 1$^{cm}$,5.

« En résumé, écrivait Michaux dans son compte rendu à la Société de chirurgie, l'observation et les très intéressantes expériences du D$^r$ Chupin viennent démontrer une fois de plus les graves dangers des cartouches à blanc, tirées à très petites distances. »

« L'intestin, le foie, la rate ne semblent pas, dans certaines conditions de plénitude ou de direction, à l'abri de graves lésions, et *il est bon de faire connaître ces faits, pour permettre de les mieux éviter*, en insistant plus encore sur les précautions réglementaires. »

Et M. le Professeur Robert, du Val-de-Grâce, ajoutait : « Les désordres considérables observés sont imputables à deux facteurs :

1" Cette balle est réduite, par le fait même de sa projection, en fragments extrêmement ténus, qui représentent une gerbe de petits projectiles. Cette fragmentation est due à la vitesse initiale, qui est plus élevée que dans la cartouche de guerre. Cette vitesse (700 mètres environ par seconde) est due à la qualité spéciale d'une poudre à grains fins employée pour ces cartouches.

2° Cette poudre détermine en outre une déflagration gazeuse très grande. Cette expansion produit une série de filets gazeux, qui suivent le projectile fragmenté et pénètrent avec lui les tissus, qu'à une faible distance ils criblent et dilacèrent. »

## XII. — Tirs a blanc sur une plaque dynamométrique, pour mesurer la pression des gaz aux diverses distances

Pour mieux nous rendre compte de la vitesse restante de la gerbe gazeuse aux diverses distances, nous avons eu l'idée de faire construire par M. Collin, de Paris, un disque en cuivre de 30 centimètres de diamètre, portant en arrière un dynamomètre médical et quatre longues tiges, destinées à tenir cette cible bien verticale sur un poteau en bois. (Fig. 22).

Ces quatre tiges périphériques et opposées deux à deux, glissent dans quatre trous correspondants, creusés en plein bois. Ces trous sont bien graissés, pour que les tiges opposent le moins de résistance possible et transmettent au dynamomètre toute l'énergie reçue.

Nous avons exécuté ces tirs à des distances différentes mais bien repérées, en visant le centre du disque, avec l'arme appuyée et fixée sur un trépied réglementaire.

*Tir à 40 centimètres.* — Violente propulsion en avant de tout l'appareil. Au centre du disque, on constate de nombreuses incrustations, gravées dans le cuivre. Sous cette forte pression, la flèche du dynamomètre a franchi d'un bond toute sa course et se trouve en dehors de l'arc curviligne gradué. Aussi, pour des distances plus faibles encore, il serait bon d'avoir un dynamomètre plus résistant et par suite moins sensible.

Fig. 22.

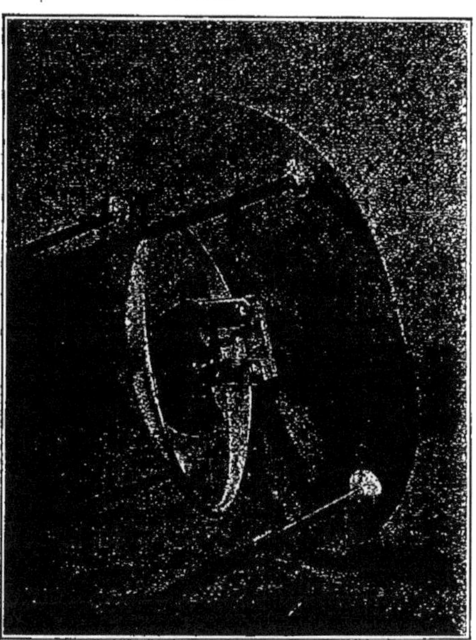

Tirs à blanc sur une plaque dynamométrique.

Tir à 0$^m$,50 . . . . . . . . . . . . . 61 kilos de pression.
— 0$^m$,60 . . . . . . . . . . . . . 44 —      —
— 0$^m$,75 . . . . . . . . . . . . . 35 —      —
— 1$^m$,00 . . . . . . . . . . . . . 9 --      —
— 1$^m$,50 . . . . . . . . . . . . . 5 —      —
— 1$^m$,75 . . . . . . . . . . . . . 1,500    —
— 2$^m$,00 . . . . . . . . . . . . . 1 —      —

*Au delà de 2 mètres*, l'appareil n'enregistre plus de pression.

NOTA. — *Nos expériences sur les animaux ont été faites immédiatement après la section du bulbe, car sur les cadavres refroidis et rigides les tissus ne réagissent plus, comme ils le font pendant la vie.*

*
* *

## B. — EFFETS DYNAMIQUES DES CARTOUCHES A BLANC
### TIRÉES SANS LA FAUSSE BALLE

Nos camarades de Lignerolles et Frilet ont signalé, dans les *Archives de Médecine et de Pharmacie militaires*, deux suicides dus à des cartouches à blanc, dont la fausse balle avait été enlevée, probablement dans le but d'en atténuer les effets vulnérants.

Malgré ces précautions, ces coups de feu à bout portant furent rapidement mortels.

Aussi, avons-nous songé à recourir à l'expérimentation pour *connaître l'énergie de ces coups de feu à blanc sans fausse balle* et apprécier ainsi les effets vulnérants de la charge seule de poudre.

Les empreintes laissées sur des cibles en bois et en carton sont très marquées à bout portant et jusqu'à 5 centimètres; mais au delà, elles sont si légères que la photographie ne peut plus les fixer.

Nous avons surtout étudié ces dégâts sur des cibles d'argile, des courges et des chiens.

### I. — Tirs a blanc sans fausse balle sur une cible de terre glaise (Fig. 23)

*A bout touchant*, vaste excavation circulaire de 15 centimètres sur 20 : les lèvres du cratère sont éversées en dehors. La couche d'argile, qui avait 12 centimètres d'épaisseur, a été traversée de part en part et les planches de la caisse ont cédé sous la forte impulsion des gaz. Des parcelles de terre ont été violemment projetées à 4 et 5 mètres en avant de la caisse; deux poings d'adulte tiendraient dans cette large anfractuosité.

*A 2 centimètres*, vaste perforation circulaire de 12 centimètres sur 10, à bords légèrement éversés en dehors. Le cratère a

7 centimètres de profondeur et contiendrait un poing d'adulte.

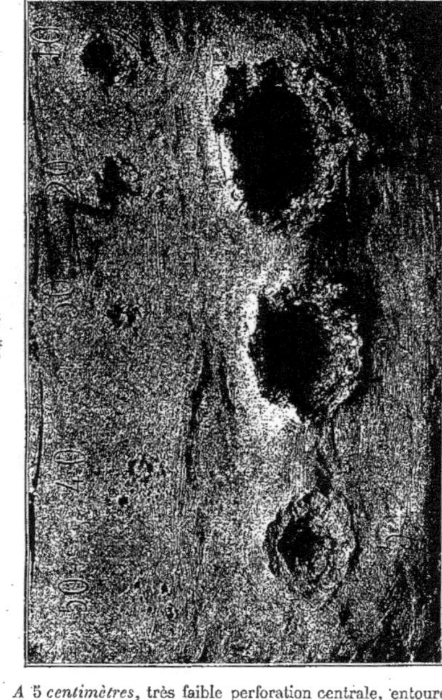

Fig. 23.

Tirs à blanc sans fausse balle sur une cible d'argile.

*A 5 centimètres*, très faible perforation centrale, entourée de deux collerettes de dépression par les gaz.

*A 10 et 20 centimètres*, faible pénétration centrale.

*A 30, 40 et 50 centimètres*, quelques perforations parcellaires dues à de gros grains de poudre non comburés.

## II. — Tirs a blanc sans fausse balle sur des courges

*A* 1 *centimètre* (*bout touchant*), vaste hiatus assez régulier de

Fig. 24.

6 centimètres sur 6, permettant l'introduction de trois doigts. A

Fig. 25.

la périphérie de cet hiatus, une zone d'éclatement semi-annulaire de 3 centimètres. Les parcelles de pulpe et d'écorce ont volé en éclats à 3 et 4 mètres en avant.

De cet hiatus partent 16 fissures radiales très longues, de 15 à 20 centimètres, assez régulièrement disposées. (Fig. 24).

A l'intérieur, les stratifications des graines sont dilacérées et creusées en un vaste tunnel de projection.

*A 3 centimètres*, trou pénétrant, circulaire, à bords réguliers, non déchiquetés, sans fissures radiales. C'est un petit orifice

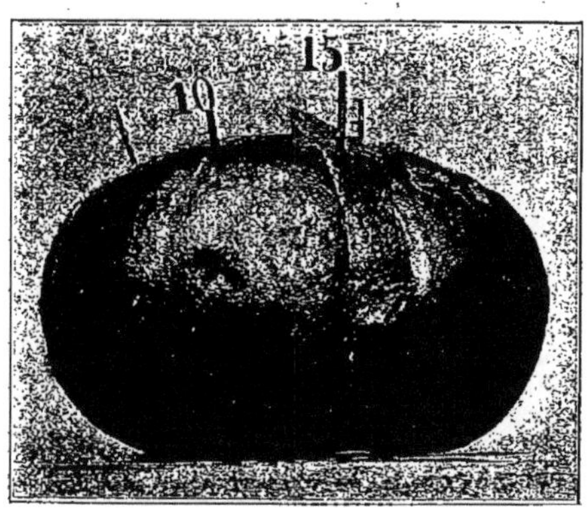

Fig. 26.

d'entrée de 1$^{cm}$,5 avec une légère collerette de grains de poudre incrustés à la périphérie. (Fig. 25).

*A 5 centimètres*, trou non pénétrant en forme de cupule ayant 1 centimètre de profondeur, avec des bords assez nets, sans fissure.

La force de pénétration n'est déjà plus suffisante pour traverser la courge.

*A 10 et 15 centimètres*, cupules plus larges et moins profondes. (Fig. 26).

*A 20 et 30 centimètres*, plus de cupules, mais quelques perforations parcellaires disséminées.

### III. — TIR A BLANC SANS FAUSSE BALLE SUR UN CHIEN
### ACHEVÉ PAR SECTION DU BULBE

Notre ami de Lignerolles nous a envoyé le cliché ci-joint, représentant une plaie perforante de l'abdomen avec issue du paquet intestinal, obtenue sur un sloughi avec un coup de feu à blanc, sans fausse balle, mais *appliqué à bout touchant* sur le flanc gauche de l'animal.

Fig. 27.

*Plaie perforante de l'abdomén avec issue des anses intestinales.*
*Coup de feu à blanc sans fausse balle à bout touchant.*

Plaie cutanée assez grande, de 4 centimètres sur 5. — Issue de l'intestin grêle. — Jet de sang rouge très abondant. — Le grand et le petit psoas sont réduits en bouillie. — Tous les organes splanchniques sont intacts, même la vessie distendue par l'urine.

A bout touchant, sur un chien, nous avons constaté une large perforation de 2 centimètres, mais pas d'issue d'intestins.

### IV. — TIRS SUR UNE PLAQUE DYNAMOMÉTRIQUE
### AVEC DES CARTOUCHES A BLANC SANS FAUSSE BALLE.

Dans l'âme d'un fusil, les gaz obéissent, au moment de la déflagration, à la loi des pressions.

Avec une fausse balle, les grains de poudre sont mieux comburés, comprimés qu'ils sont par ce faux projectile inerte, qui oppose à leur sortie une certaine résistance.

Sans la fausse balle, les grains de poudre, dès le début de la déflagration, sont violemment propulsés et la plupart d'entre eux sont chassés du canon, n'ayant subi qu'une faible combustion.

Ces grains ainsi mobilisés sont capables, selon leur calibre, de traverser des cibles en papier à de grandes distances (à 3 et 4 mètres), et de produire aux courtes distances de sérieux dégâts.

Avec notre plaque dynamométrique, nous allons pouvoir mesurer la force restante de cette colonne gazeuse aux diverses distances, comme nous l'avons déjà fait pour les cartouches à blanc complètes.

*Tir à 15 centimètres.* — Forte propulsion du disque en avant. — L'aiguille du dynamomètre a bondi en dehors de l'échelle curviligne de pression, comme elle l'a fait à la distance de 40 centimètres avec une cartouche à blanc complète.

<pre>
Tir à 0ᵐ,20 . . . . . . . . . . . .   49 kilos de pression.
 —    0ᵐ,30 . . . . . . . . . . . .   42   —         —
 —    0ᵐ,40 . . . . . . . . . . . .   35   —         —
 —    0ᵐ,50 . . . . . . . . . . . .   29   —         —
 —    0ᵐ,75 . . . . . . . . . . . .   21   —         —
 —    1ᵐ,00 . . . . . . . . . . . .    5   —         —
 —    1ᵐ,25 . . . . . . . . . . . .    1   —         —
</pre>

Si donc nous comparons ces pressions avec celles des cartouches d'exercice complètes, on peut dire qu'*un coup de feu à blanc sans fausse balle perd ainsi la moitié de sa force de pénétration.*

En outre, si nous comparons les dégâts produits sur la terre glaise, les courges, les chiens, on voit que *les effets dynamiques et vulnérants de ces faux projectiles incomplets sont très puissants au sortir de la bouche du canon, mais qu'ils diminuent rapidement d'intensité.*

Ainsi, à 5 centimètres, la gerbe gazeuse n'a déjà plus l'énergie suffisante pour traverser la pulpe d'une courge.

A bout portant, au contraire, on constate des phénomènes explosifs, qui font éclater les courges, l'argile, les parois abdominales ou thoraciques, comme l'ont noté nos camarades à l'autopsie de leurs suicidés.

Ces faits cliniques et expérimentaux confirment donc bien cet aphorisme : *que la poudre seule, tirée dans un fusil, est suffisante pour produire aux courtes distances des blessures mortelles.* (Dupuytren, Helbig, etc.)

Au sujet de ces blessures par coup de feu sans fausse balle, nous croyons utile de rappeler l'intéressante observation de Ravaton (in *Traité des plaies d'armes à feu,* p. 319) — *Sur un effet singulier de la poudre à canon.*

« Le 15 octobre 1763, les Régiments de Guyenne et de Royal Bavierre s'étant portés sur les prairies de Landau pour exercer leurs soldats *et former un simulacre de guerre,* les nommés l'Espérance de Trois Brioux et Fleuri de la Bissière, soldats du Régiment de Guyenne, *employés à mettre le bout du pouce droit sur la lumière du canon lorsqu'on bourre la gargousse,* le coup partit inopinément et le feu sortit en partie par la lumière avec une violence extrême (parce que sans doute la lumière était trop grande, ou qu'elle n'était pas exactement bouchée). Ces deux soldats eurent *le pouce renversé et brûlé à l'endroit qui appuyait sur la lumière du canon,* une seconde brûlure sur les condyles externes de l'os du carpe qui soutient le pouce et une plaie légère à la partie latéro-interne de ce même doigt. »

« Fleuri guérit en peu de jours, sans accidents ; l'Espérance au contraire essuya de la fièvre, du gonflement, il se forma un dépôt sur l'articulation du poignet que j'ouvris dans sa parfaite maturité ; *les deux phalanges du pouce se trouvèrent fracturées* : la première mise de niveau se réunit par une compression mollette ; la dernière, après avoir occasionné des suppurations ennuyeuses, s'exfolia en deux portions inégales et la guérison suivit peu après. »

A l'occasion de ces traumatismes, notre illustre ancêtre fait les réflexions suivantes :

« Deux taches noires, l'une au bout de la partie interne du pouce ; l'autre sur son dos, près de la main, une petite plaie à la peau ; les os fracturés à l'un et point à l'autre prouvent, ce me semble, suffisamment que *l'air poussé avec violence par l'explosion de la poudre a agi, comme un corps solide, contre le pouce qui posait sur la lumière du canon et fracturé les os par la résistance que ceux-ci lui opposaient.* »

« Fleuri n'a point eu les os fracturés par raison d'un moindre degré de vitesse de la part de l'air, ou de la moindre pression qu'il faisait vraisemblablement sur le trou. »

---

## C. — ÉTUDE DES DÉCHIRURES VESTIMENTAIRES PRODUITES PAR DES CARTOUCHES A BLANC

Notre camarade, le médecin-major Maffre fut, le 18 mars 1901, requis par l'autorité judiciaire, aux fins de savoir si les déchirures trouvées sur la capote et le pantalon d'un soldat placé en sentinelle étaient réellement dues à un coup de feu tiré par un agresseur, car cet homme prétendait avoir été attaqué la nuit et avoir reçu une balle dans la cuisse droite.

A cette occasion, Maffre fit de nombreuses expériences sur des mannequins servant dans les casernes à l'escrime à la baïonnette, (vêtements d'ordonnance fortement bourrés de paille de blé), et il parvint à conclure que ces larges déchirures vestimentaires n'étaient pas dues à des coups de couteau, ni à des coups de feu à balle, ni à des coups de révolver.

« *Les déchirures observées étaient probablement dues à une balle de tir réduit ou à une balle en carton de tir à blanc, car elles seules permettaient d'obtenir, aux courtes distances, de semblables déchirures de vêtements* ». (Maffre.)

Les conclusions de notre camarade furent d'ailleurs confirmées et adoptées par l'autorité chargée de l'enquête.

*<br>* *

A notre tour, nous avons reproduit sur des mannequins les expériences de Maffre, et nous sommes arrivés aux mêmes conclusions que lui :

1° Avec une balle de guerre, à bout portant ou en appuyant l'arme contre le vêtement, nous n'avons obtenu qu'un petit orifice d'entrée nettement abrasé à la capote et au pantalon, un énorme trou dans la paille et un orifice de sortie ayant généralement la forme d'une fente verticale assez allongée.

« Très souvent, disent Nimier et Laval, on trouve *un gâteau vestimentaire taillé à l'emporte-pièce par le projectile* aux dépens de toutes les couches traversées dans le vêtement (chemise, capote, caleçon, culotte, chaussette, soulier, etc.). L'étendue de ces fragments vestimentaires superposés et accolés varie avec la vitesse du projectile et la nature du tissu. Plus la vitesse de ce projectile est grande, plus il agit par le mécanisme de l'abrasion, plus le gâteau vestimentaire est étendu ; plus la vitesse du projectile est faible, plus il dissocie les tissus vestimentaires comme les tissus organiques, plus faibles sont les dimensions des lamelles de vêtements abrasés. »

Avec le revolver d'ordonnance, nous n'avons également observé que des trous d'entrée et de sortie nets.

Avec les cartouches à fausse balle, voici les déchirures de vêtements que nous avons constatées et photographiées :

I. — Tirs perpendiculaires a l'axe du mannequin<br>(côté gauche). — (Fig. 28).

a. — *Région inguino-abdominale.*

*A bout touchant* vaste éclatement en croix bien régulier sur la capote : l'axe vertical ayant 12 centimètres, l'axe horizontal 8. — Sur le pantalon, correspondant à la déchirure de la capote, on constate aussi un éclatement régulier, mais de dimensions plus faibles : axe vertical 5 centimètres ; axe horizontal 7.

Au centre de la déchirure, on voit, en rapprochant les quatre languettes de drap, une perte de substance de la largeur d'une

Fig. 28.

Déchirures vestimentaires produites par les cartouches à blanc.

pièce de |50 centimes, dont les bords sont légèrement safranés (ustion du drap et incrustation_de grains de poudre).

*A* 10 *centimètres,* perte de substance assez régulièrement circulaire, de 3 centimètres sur 2, tatouage périphérique de grains jaunâtres de poudre incomburée et incrustée. La zone périphérique est de 5 centimètres.

*A* 20 *centimètres,* perte de substance irrégulière de 3 centimètres sur $1^{cm},5$, avec perforations parcellaires périphériques. Incrustation de poudre et de carton plus intense. La zone safranée forme autour de l'orifice d'entrée un disque de 10 centimètres.

### b. — *Au niveau du membre inférieur gauche*<br>(*pantalon et caleçon*).

*A bout touchant,* trou circulaire, petit, sans pigmentation anormale périphérique. — La détonation est très assourdie.

*A* 10 *centimètres,* trou circulaire, assez large (3 centimètres sur 2). — Au fond un tunnel de la grosseur d'un doigt.

*A* 20 *centimètres,* perte de substance plus grande encore et plus irrégulière.

### c. — *Au niveau du bras gauche, mêmes constatations.*

*A* 20 *centimètres,* le halo périphérique des trous d'entrée est composé de poudre et surtout de morceaux de carton plus ou moins épais, qui s'incrustent dans le drap et lui donnent un aspect tondu, grenu, sali, qui est visible à une certaine distance, (environ 10 pas).

### II. — Tirs obliques a l'axe du mannequin<br>(côté droit). — (Fig. 28).

*Région inguino-abdominale.* — *A bout touchant,* vaste éclatement vestimentaire dans l'axe du tir, de dedans en dehors, produisant dans la capote une large ouverture triangulaire, dont l'axe vertical égale 14 centimètres et l'axe horizontal 12.

Sur le pantalon, on voit également une vaste déchirure triangulaire ayant des dimensions à peu près semblables.

*A* 10 *centimètres,* notable abrasion vestimentaire (4 centimètres sur 3), avec un halo safrané, composé de grains de poudre incrustés, qui donnent à la capote un aspect gris-sale. — Pas de déchirures; les bords sont légèrement déchiquetés.

*Au niveau du membre inférieur droit. — A bout touchant,* le coup de feu à blanc traverse de part en part.

L'orifice d'entrée est petit, circulaire, sans déchirures, l'orifice de sortie a éclaté en croix. (D. vertical = 7 centimètres — D. horizontal = 3).

*A* 10 *et* 20 *centimètres,* larges orifices d'entrée avec halo périphérique ; l'étoffe est éversée en dehors.

*Au bras droit. — A bout touchant,* vaste éclatement triangulaire dont le diamètre vertical est de 8 centimètres, et le diamètre horizontal de 10.

*A* 10 *et* 20 *centimètres,* mêmes constatations que plus haut.

*<br>* *

En résumé, *dans les tirs perpendiculaires* à l'axe des membres, nous n'avons observé sur le bras ou la jambe aucune déchirure : il n'y avait que d'assez larges abrasions.

A l'aine, partie moins rembourrée sur le mannequin, la poudre en déflagrant a produit là un refoulement gazeux, qui a fait éclater la trame de la capote et du pantalon en une croix de Malte parfaite ou en deux triangles semblables unis par la base. Les bords de ces déchirures étaient tous éversés vers l'extérieur.

*Dans les tirs obliques,* les déchirures présentent la forme d'un triangle dont la base serait couchée sur la ligne de tir.

Dans ces cas-là, le drap cède d'abord verticalement, refoulé qu'il est naturellement par la poussée des gaz, puis ces derniers s'introduisant par cette lèvre, sous le drap, font soulever la trame et la font éclater horizontalement dans l'axe du tir. Cette déchirure avec les deux bords éversés, a la forme d'un triangle parfait dont le sommet est dirigé dans le sens de la poussée gazeuse.

Sur l'étoffe rouge du pantalon, le halo jaunâtre dû à la défla-

gration est moins prononcé que sur la capote. A une certaine
distance, on a l'impression d'un disque un peu foncé, produit
par une brûlure légère.

---

### D. — EXPLOSIONS A L'AIR LIBRE D'ÉTUIS DE CARTOUCHES
### A BLANC

Les cartouches à fausse balle ne sont pas seulement dangereuses, quand elles sont violemment projetées en dehors du
canon du fusil en une gerbe de gaz qui constituent un projectile-air très dangereux aux courtes distances, mais même quand
elles éclatent à l'air libre, sous l'influence d'un heurt violent
ou d'une ignition accidentelle.

Les faits suivants sont, à ce point de vue, très instructifs :
ils montrent que la petite quantité de poudre spéciale, sans
fumée, contenue dans ces cartouches à blanc, a un pouvoir
brisant énorme, capable de faire voler en éclats les parois métalliques de l'étui.

*\
* *

*a*) — Le premier cas d'explosion d'une de ces cartouches a
été signalé par notre ami, le médecin-major Stoyanoff, qui,
pendant le cours de ses études médicales à Nancy, a observé le
fait suivant :

« Un jeune ouvrier, ayant trouvé une cartouche à blanc tombée par mégarde d'une cartouchière, veut la faire éclater.
Pour ce faire, il place cette cartouche sur une pierre, et avec
une pioche frappe sur elle violemment.

« Le coup part, l'étui est projeté au loin et est retrouvé
déformé, étalé, mais un peu fragmenté. L'imprudent présente, à
quatre travers de doigt au-dessus du pli du coude, deux petites
plaies, à bords irréguliers, s'arrêtant en plein biceps. »

Pansement antiseptique, cicatrisation rapide. Le blessé sort guéri de l'hôpital dix jours après. (*in* thèse de Stoyanoff).

*b)* — Le second cas a été observé sur un soldat réserviste du 74° de ligne, par M. le médecin-major Magdelaine, en retraite, qui nous a autorisé à publier cette observation.

« Le 14 septembre 1898, les hommes faisaient le café à la grand'halte, quand soudain on entend, sur la ligne des feux, le bruit d'une détonation. Un homme vient de recevoir un projectile dans l'œil droit.

« La paupière supérieure, dit le rapport médical, est le siège d'un épanchement sanguin considérable, qui la maintient abaissée, et qui rend son relèvement pénible. En outre, le rideau palpébral est fendu verticalement au tiers externe et le bout interne pend avec les cils.

« Le globe oculaire droit est projeté en avant comme dans l'exophtalmie et la moindre pression est douloureuse.

« En entr'ouvrant un peu la paupière, on constate que la cornée a perdu sa transparence et qu'elle est affaissée. La vue, de ce côté, est abolie ; cela est dû probablement à des déchirures internes. »

Une enquête, faite sur le champ, a permis de reconstituer la scène et de remonter à la cause de l'accident involontaire que voici :

« *Pendant que le soldat D...  se baissait pour retirer un plat du feu, une cartouche à blanc a glissé d'une de ses cartouchières et est tombée dans le brasier.* En éclatant, l'étui métallique s'est morcelé et un des

Fig. 29.
Culot d'un étui de cartouche à blanc ayant explosé à l'air libre.

fragments *a atteint l'œil droit du soldat réserviste G... qui causait debout, à environ 3 mètres, avec un de ses camarades.* »

Après éclatement, l'étui de cette cartouche à blanc a été retrouvé
étalé, fragmenté autour du culot resté intact.

Le diagramme ci-joint (Fig. 29) montre bien l'action brisante
de cette poudre spéciale, employée dans les cartouches à blanc.

*
* *

### c) Cinq blessures par explosion d'étuis de cartouches a blanc

(Dûes à l'obligeance du médecin principal Warnecke.)

Pendant les manœuvres d'armée de 1903, dans la 12ᵉ Région,
eut lieu un exercice de bivouac. Or, pour tromper les longues
heures de désœuvrement et d'insomnie, quelques soldats du
63ᵉ régiment d'infanterie n'imaginèrent rien de mieux que de
*faire exploser des cartouches à blanc dans les feux du bivouac.*
Leur exemple fut suivi dans un certain nombre de compagnies.

En éclatant, ces étuis métalliques blessèrent quatre soldats
de ce régiment, qui se chauffaient tranquillement auprès de ces
feux, ainsi qu'un adjudant intervenu pour faire cesser ce jeu
dangereux. Tous ces blessés furent évacués dans la nuit ou
quelques jours après sur l'hôpital de Limoges, avec les blessures
suivantes :

1° C... adjudant au 63ᵉ d'infanterie. — *Plaie du mollet gauche.* — L'ouverture d'entrée est située à trois travers de doigt
au-dessous de la tête du péroné; bords enflammés, suintement
purulent, traînées de lymphangite, adénite inguinale.

Pendant les trois jours qui ont suivi sa blessure, cet adjudant, malgré les conseils de son médecin et les fatigues spéciales des manœuvres, a continué son service.

Entre à l'hôpital : désinfection soignée de la plaie. — L'exploration au stylet dénote la présence d'un corps métallique,
irrégulier, à 7 centimètres de l'orifice d'entrée, sur un trajet
perpendiculaire à l'axe du membre. — Contr'ouverture au point

symétrique et extraction d'un débris d'étui enroulé sur lui-même, long de 4 centimètres, un peu plus gros qu'une allumette, à pointe tranchante, ayant entraîné de petits fragments d'étoffe du pantalon et du caleçon.

Guérison sans complications, retardée un peu par la lenteur de la *restitutio ad integrum* des ganglions inguinaux irrités. — Congé de convalescence : 1 mois.

2° V... Sylvain, 3ᵉ Compagnie. — *Plaie de la région fes-sière gauche.* — L'orifice d'entrée est situé à 2 centimètres au-dessous du pli fessier; ouverture étroite, linéaire, parallèle à ce pli et longue d'un centimètre. — L'orifice de sortie est situé à 5 centimètres du premier orifice, sur le pli fessier ; il est irrégu-lier et long de 2ᶜᵐ,5.

Le trajet est légèrement infecté. — Gonflement œdémateux de la fesse gauche; pas de lymphangite. — La blessure date de 48 heures. — Guérison sans intervention et sans incidents.

3° D... François, 3ᵉ Compagnie. — *Plaie en séton de l'avant-bras droit.* — Le diagnostic du billet d'hôpital, *bles-sure par explosion d'étuis de cartouches à blanc* est confirmé par le blessé.

L'orifice d'entrée est situé à la partie moyenne du bord cubital de l'avant-bras droit, orifice linéaire, long d'un centimètre. — L'orifice de sortie a les mêmes dimensions et est situé à la même hauteur, sur la face dorsale de l'avant-bras.

Trajet de 3 centimètres de long; pas de lymphangite. — Guérison rapide.

4° D... Marcel, 1ʳᵉ Compagnie. — *Plaie superficielle en séton de la paroi abdominale.* — Les orifices d'entrée et de sortie ont sensiblement le même aspect. Trajet de 3 centimètres environ, légèrement infecté; endolorissement de toute la région. — Guérison sans incidents.

5° D... Jean, 9° Compagnie. — *Plaie de la région paroti-*

*dienne droite*. — L'orifice d'entrée est irrégulier, déchiqueté ; pas d'orifice de sortie. La région est très tuméfiée et très douloureuse. — L'exploration au stylet ne donne aucun résultat.

Au bout de trois semaines, il persiste, en dépit des cautérisations et des pansements appropriés, un trajet fistuleux par lequel on voit sourdre de temps à autre une gouttelette de salive.

De fréquentes explorations au stylet sont toujours négatives. — L'examen radioscopique ne peut être fait par suite d'un concours de circonstances fâcheuses.

Cinq semaines après son hospitalisation, le 15 octobre, le blessé est opéré de sa fistule par le procédé de *Choux*.

Le 3 novembre, huit jours après que les drains ont été retirés, notre camarade Warnecke constate à nouveau un suintement salivaire.

Une nouvelle exploration au stylet permet enfin de constater l'existence d'un corps dur, métallique, qu'une incision profonde, intra-glandulaire, dégage : c'est un fragment d'étui de la dimension d'une grosse lentille, à bords irréguliers et déchiquetés.

Guérison post-opératoire très rapide.

*  *<br> 

*d) Plaie pariétale de la poitrine par éclat de cuivre (Éclatement d'une cartouche à blanc)*. Due à l'obligeance de notre excellent ami, le médecin-major Rudler.

D... Léon, cavalier au 11ᵉ régiment de Dragons, entre, au cours des manœuvres d'automne de 1905, à l'hospice mixte d'Auxerre, pour *plaie de la paroi thoracique droite par éclat de cuivre*.

Le projectile a frappé tangentiellement la 3ᵉ côte, à 4 centimètres environ du bord libre du sternum, a glissé sur la face externe de l'os et suivi un trajet horizontal sous-cutané de 8 centimètres environ, dans la direction de l'aisselle.

Hémorragie peu abondante, douleur au niveau de l'orifice d'entrée et sur le trajet hypodermique : le corps étranger, nettement perceptible au toucher, est mobile sous la peau.

Sensation d'engourdissement et de fourmillement dans le membre supérieur droit.

Désinfection et pansement antiseptique. *Injection de sérum antitétanique.*

Le lendemain, léger emphysème, douleurs irradiées dans le bras droit. Extraction du projectile. — Guérison rapide.

Quatre mois après l'accident, il persiste de la douleur à la pression le long du trajet suivi par le projectile, due vraisemblablement à une périostite légère de la côte éraflée.

L'éclat de cuivre est un fragment de 1 centimètre de long sur 13 millimètres de large, à bords tranchants, à arêtes vives et légèrement bombé en forme de cuirasse.

L'explosion de cette cartouche à blanc a encore déterminé chez un autre cavalier et un garçon de ferme, des blessures plus légères à la joue et à la main.

*Circonstances de l'explosion.* — Pour se distraire au cantonnement, trois cavaliers enfoncent une cartouche à blanc dans le trou d'un mur, le culot en avant.

L'un d'eux saisit alors un marteau et frappe sur la cartouche. — Le coup part et l'étui, volant en éclats, vient blesser à 12 mètres un dragon en pleine poitrine et à 14 mètres, un jeune garçon de ferme, qui eut la joue droite sectionnée sur une longueur de 3 centimètres. — La plaie de la main était insignifiante.

L'étui, fortement étalé, avait bondi à quelques mètres en avant du mur.

*<br>* *

*e) Plaies superficielles de la main et du thorax par éclats de cuivre (Eclatement d'une cartouche à blanc).* Due à l'obligeance du médecin-major Fabre et de l'aide-major Ragot. — Au 23ᵉ régiment d'Infanterie, à Bourg-en-Bresse, le soldat de 1ʳᵉ classe B... fut blessé à la main gauche et à la poitrine par les éclats d'un étui de cartouche à blanc, rupturé à l'air libre.

Cet homme, le 3 mai 1905, triait des étuis, lorsqu'il remarqua que l'une d'elles n'avait pas été percutée. Plaçant alors cette cartouche sur une caisse en bois, et tenant le culot en l'air de sa main gauche, il frappa avec une clef sur le couvre-amorce.

Malheureusement cet étui était celui d'une cartouche à blanc chargée, *dont la fausse balle avait été rupturée au collet*; aussi vola-t-il en éclats, blessant la main gauche et le côté droit du thorax de l'imprudent.

B... est transporté à l'hôpital : il présente à la face palmaire de la main gauche six blessures superficielles. Elles sont toutes irrégulières, à bords déchiquetés, béant à la partie médiane. Aucune d'elles ne renferme des fragments métalliques : ce sont des sillons intra-dermiques creusés par des débris mus avec violence.

La lésion la plus importante siège au niveau de l'articulation de la phalangette et de la phalangine de l'annulaire gauche; elle mesure 3 centimètres, est curviligne, à concavité tournée du côté du médius.

La seconde ouverture se trouve plus haut que la première. Elle est verticale et occupe toute la phalange de l'annulaire, jusqu'au pli digito-palmaire : elle mesure environ 3 centimètres.

La troisième siège à $1^{cm},5$ au-dessous du pli digito-palmaire du médius, dans la paume de la main; elle est légèrement oblique de dedans en dehors et de haut en bas, mesure 1 centimètre environ, moins déchiquetée que les premières.

Deux autres blessures se trouvent au niveau des muscles de l'éminence thénar. Elles mesurent environ 1 centimètre et sont largement déchiquetées.

La dernière se trouve à un demi-centimètre au-dessous de l'articulation phalango-phalangienne du pouce; elle est parallèle au pli de flexion et mesure environ 3 centimètres.

Enfin, la blessure de la poitrine siège à trois travers de doigt au-dessus et en dehors du mamelon droit; elle est linéaire, déchiquetée à la partie médiane et mesure 2 centimètres. — La sonde ayant révélé la présence d'un corps étranger, notre chef de service retira de la plaie un fragment de l'étui très irrégulier, aplati et un peu plus grand qu'une pièce de 50 centimes.

La caractéristique de toutes ces plaies est qu'elles sont très irrégulières et saignent abondamment.

Quelques jours après, on observe au pourtour de tous ces sillons des ecchymoses noirâtres assez étendues, le fond est rouge foncé, les bords sont secs, éversés, déchiquetés.

« L'aspect particulier de ces lésions est dû, ajoute notre camarade Ragot, à la brûlure par la poudre qui a compliqué les incisions produites par les fragments de l'étui éclaté ».

A la suite de cet accident, le colonel du régiment fit paraître à la décision les conseils suivants :

« En agissant comme il l'a fait, le soldat B... a commis une grave imprudence dont il a été la victime. Il est rappelé que jamais on ne doit provoquer ainsi l'explosion d'une cartouche, et que le soldat qui se blesse dans ces conditions ne peut pas invoquer le cas *du service commandé* et ne peut, par conséquent, obtenir de gratification ou de pension, s'il vient à être estropié. Des recommandations expresses seront faites à ce sujet à tous les militaires du régiment, et plus spécialement à ceux qui sont chargés des manipulations de cartouches. »

Et le général de division formula ainsi les précautions à prendre pour le triage des étuis :

« Lorsque les Compagnies verseront des étuis tirés, elles devront toujours vérifier, s'il n'en existe pas parmi eux, qui contiennent encore de la poudre ou dont la balle en carton (cartouche à blanc) serait cassée au niveau du collet de l'étui : *les cartouches suspectes seront versées à part et signalées au service de tir.* »

« Les hommes employés au triage des étuis devront être soigneusement surveillés afin d'éviter toute imprudence de leur part. Ils devront être prévenus qu'il est formellement interdit de frapper sur les couvre-amorces. »

*f)* Blessure intra-thoracique mortelle par éclatement
d'une cartouche a blanc jetée dans le feu.

(Due à l'obligeance du D<sup>r</sup> Hugues, maire d'Arcs, Var).

Le 10 septembre 1906, le jeune Beuf, âgé de treize ans, habitant les Arcs, ayant trouvé une cartouche à blanc dans une écurie, où avaient cantonné des soldats, commit l'imprudence de la jeter dans un feu allumé sur le chemin par des bouilleurs de crû.

Soudain on entendit une détonation et le jeune écolier se dirigea vers sa maison en criant : « Je suis blessé, je sens le sang couler dans mon pantalon. »

Appelé d'urgence, notre confrère et maire arriva de suite et fit les constatations suivantes : B... est étendu sur son lit, très pâle, le pouls filiforme et la respiration anxieuse.

Après l'avoir deshabillé, notre confrère vit dans le deuxième espace intercostal (entre la 2<sup>e</sup> et 3<sup>e</sup> côte), à gauche, à 23 millimètres en dehors du bord sternal, une plaie linéaire en forme de croissant, à concavité tournée vers le sternum. — Dans son diamètre vertical, cette plaie mesure 15 millimètres environ de long et 4 ou 5 millimètres de large. — Les 2<sup>e</sup> et 3<sup>e</sup> côtes sont absolument intactes. — La peau, le tissu cellulaire sous-cutané, les muscles intercostaux sont transpercés. — Un léger emphysème entoure la plaie sur un rayon de 3 centimètres environ.

Lavage antiseptique de la région, pansement occlusif, bandage de corps.

Mais le cœur devient plus lent et plus dépressible. — L'enfant se plaint *d'étouffer* ; pâleur plus prononcée ; sueurs froides ; agitation, délire. Les pupilles se dilatent progressivement et le jeune B... meurt quarante-cinq minutes après l'accident, malgré les injections d'éther et d'huile camphrée qui lui furent faites.

Pas d'hémoptysie, pas de vomissement de sang. Par l'orifice d'entrée l'écoulement sanguin fut très peu abondant.

Après la mort, notre confrère sonda la plaie, car il ne lui fut pas permis de pratiquer l'autopsie et voici ce qu'il constata :

Côtes intactes. — La plaie est très profonde, le trajet est

dirigé d'avant en arrière et de haut en bas; l'enfant était donc penché en avant au moment où il reçut ce faux projectile. — La sonde, introduite dans le séton, permet d'arriver sans effort jusqu'à la face postérieure de la cage thoracique.

L'inspection de la plaie, la profondeur du séton, les symptômes d'anémie aiguë font supposer que la mort est due à une hémorragie interne pleuro-pulmonaire.

Notre confrère incline à croire que c'est la mammaire interne ou plutôt une branche de l'artère pulmonaire gauche, qui a été rupturée et qui est la cause de cet hémothorax mortel.

Il n'a pu retrouver aucun fragment de l'étui de cette cartouche à blanc, soit dans le feu, soit dans le voisinage immédiat du brasier. Toutefois il suppose que c'est le culot de cet étui qui s'est détaché et qui a fait balle pour traverser la paroi costale, la chemise de coton et la blouse de l'enfant. Ces vêtements présentaient une déchirure en croissant, semblable à la plaie cutanéo-musculaire.

*<br>* *

*Conclusions.* — Ces divers accidents, dont un mortel, provoqués par l'éclatement à l'air libre de ces cartouches à blanc, prouvent une fois de plus la force explosive de cette poudre spéciale e. g., qui est contenue dans ces étuis.

Ces blessures sont autant de *leçons de choses* qui rappellent qu'en tout temps les cartouches à fausses balles doivent être maniées avec une extrême prudence; en un mot, il ne faut pas les heurter trop violemment, ni les jeter dans le feu.

De plus, pour éviter ces accidents fâcheux, il faut recommander aux hommes, dans les grand'haltes ou aux bivouacs, de ne jamais s'approcher du feu sans avoir bien fermé ou enlevé leurs cartouchières et, au cours des manœuvres, de ne pas perdre des cartouches à blanc, car les enfants les ramassent, jouent avec ces faux projectiles et s'exposent comme le jeune Beuf, à des blessures graves, parfois mortelles.

Enfin pour nous, ce chapitre est du plus haut intérêt, car de pareils faits n'avaient pas encore été signalés dans la presse médicale.

### *E.* — PROJECTILES SECONDAIRES ET BALLES MÉTALLIQUES
### LANCÉS PAR DES CARTOUCHES A BLANC

« Dans les tirs à blanc, au delà de 4 mètres, écrit Deubler, une blessure ne peut plus se produire qu'avec un concours de circonstances tout à fait défavorables, comme celle de ne pas avoir enlevé le bouchon de l'arme, ou d'avoir laissé pénétrer dans le canon, de la terre, du sable, des cailloux, des noyaux de fruits (cerises, etc.) ou encore, d'avoir mélangé volontairement ou accidentellement des corps solides à la poudre. — Ces divers objets, mus avec force, agissent dans ces cas-là comme *des projectiles secondaires.* »

Il en est ainsi parfois dans les fantasias Arabes, quand les Indigènes, pour augmenter le bruit de leurs détonations, ou pour satisfaire à d'anciennes rancunes, n'hésitent pas à introduire dans leurs fusils des noyaux de dattes, qui provoquent, à de faibles distances, des traumatismes graves. (*V. un projectile original* par Guilhaumon, *in* Caducée 1904.)

Aussi, pour vérifier le pouvoir dynamique et vulnérant de ces projectiles secondaires, avons-nous fait quelques expériences, en tirant à blanc sur des cibles de papier de 3 mètres carrés, après avoir introduit dans le fusil, de la terre, du sable fin, des cailloux et des haricots.

*a) Avec de la terre meuble,* nous avons trouvé à 5 mètres de nombreuses empreintes irrégulières, qui deviennent plus rares à 10 mètres et disparaissent complètement à 15.

*b) Avec du sable fin,* nous avons obtenu des empreintes à peu près identiques à 5 et 10 mètres, mais il n'en existe plus à 15.

*c) Avec des petits cailloux et la hausse de 250 mètres,* voici les résultats que nous avons obtenus :

*A 10 mètres, avec quatre cailloux* : trois traversent la cible, un se fragmente en cinq petits débris, qui à leur tour traversent la cible et augmentent le danger de ces tirs.

*A* 15 *mètres, quatre cailloux :* trois traversent la cible, le quatrième s'est divisé en deux fragments.

*A* 20 *mètres.* — Tous les quatre ont encore frappé la cible : deux l'ont traversée; les deux autres se sont incrustés dans le bois de l'encadrement. A cette distance, les cailloux se dispersent beaucoup.

*A* 30 *mètres.* — Deux sur quatre traversent encore la cible.

*A* 35 *mètres.* — Sur six coups, deux cailloux seulement perforent la cible.

*A* 40 *mètres.* — Sur six coups, pas de perforation, mais une fois pourtant nous avons constaté une petite dépression dans la cible.

*d) Avec de petits haricots arrondis,* nous avons obtenu à peu près les mêmes résultats.

*Conclusions.* — La zone dangereuse de ces projectiles secondaires (terre, sable fin), s'étend jusqu'à 10 et 15 mètres; avec des cailloux et des haricots, elle s'étend plus loin encore, jusqu'à 30 et 40 mètres.

*En somme, ces projectiles accidentels sont lancés d'autant plus loin qu'ils ont un diamètre et une forme se rapprochant davantage des dimensions du canon du fusil.*

Enfin, la plupart des étuis ainsi tirés présentent des incrustations de carton au niveau du collet.

*
* *

*e) Coups de feu à blanc lançant des balles métalliques peu déformées.* —Les cartouches à blanc peuvent encore lancer au loin des balles métalliques neuves ou peu déformées, et produire, à de grandes distances, des blessures sérieuses comme celle que nous avons constatée dans notre ancien régiment, chez un soldat qui eut le mollet gauche ainsi traversé de part en part, à 300 mètres de l'ennemi.

Voici cette observation personnelle, qui est inédite :

I. — Séton du mollet gauche produit par une balle Lebel lancée a l'aide d'une cartouche a blanc. — Le 3 juillet 1902, le 23⁰ régiment d'infanterie exécutait, aux environs de Bourg-en-Bresse, une manœuvre à double action.

Les deux partis étaient aux prises quand, vers six heures du matin, retentit la sonnerie de « *Cessez le feu* ».

Le soldat H... venait de recevoir dans le rang, au milieu de ses camarades, un coup de feu à la jambe gauche.

Le blessé nous raconte qu'il a éprouvé au mollet un choc violent, comme un coup de bâton et il croit avoir reçu par mégarde, d'un de ses voisins, un coup de feu à blanc. Mais, *pendant que l'infirmier lui enlève la guêtre et le brodequin, une balle métallique glisse et tombe à terre. Ce projectile présente un double pas de rayure : preuve évidente qu'il a été déjà tiré.*

Le blessé, qui n'a pas perdu connaissance, est soigneusement pansé et transporté d'urgence à l'hôpital.

*Trajet de la balle.* — La balle a pénétré à la partie supéro-externe de la jambe gauche, à 5 centimètres au-dessous de l'interligne articulaire du genou et est sortie à la face interne du mollet, en frôlant la face postérieure du tibia, à 10 centimètres au-dessous de la saillie du plateau tibial. Le séton est transversal, oblique de dehors en dedans et dirigé de haut en bas. (Fig. 30).

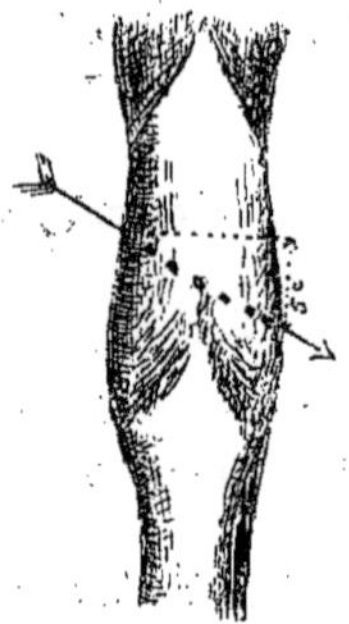

Fig. 30.
Vue postérieure de la jambe gauche. Trajet oblique du projectile de dehors en dedans.

L'orifice d'entrée est ovalaire, déprimé et de 6 millimètres de diamètre ; l'orifice de sortie est linéaire et en relief (fente verticale de 10ᵐᵐ,5). Différence de niveau des deux orifices : 5 centimètres. — Longueur du séton : 12.

Le projectile a passé en avant du péroné qu'il n'a pas fracturé, a glissé entre les deux paquets vasculo-nerveux qu'il a respectés et est sorti au dehors, en suivant la face postérieure du tibia.

Assez faible hémorragie ; le sang sort par les deux orifices. Les artères tibiales antérieures et postérieures n'ont pas été intéressées, ainsi que la veine saphène interne. — Les battements artériels sont nettement perçus, avec la même intensité, dans les deux gouttières rétro-malléolaires.

Le blessé accuse des fourmillements, des picotements, de l'engourdissement dans le pied et le genou, du côté atteint.

Sur son pantalon, à 31 centimètres du bord inférieur et à 4$^{cm}$,5 en dehors et en arrière de la couture externe, on constate, au lieu d'un trou à l'emporte-pièce, une petite ouverture ainsi constituée :

1° Par une fente verticale de 15 millimètres ;

2° Par une fente horizontale effilochée de 7 millimètres ;

3° Par une fente verticale et parallèle à la première de 4 millimètres.

Ces trois fentes délimitent une languette de drap de 5 millimètres, à bords très effilochés.

A propos de cette blessure, le colonel exprimait, dans la décision du lendemain, son douloureux mécontentement et terminait en disant : *Cet acte ne peut être que l'œuvre d'un imbécile, d'un criminel ou d'un fou.*

*Hôpital.* — L'orifice de sortie se cicatrise par première intention, l'orifice d'entrée se comble lentement en 15 ou 20 jours. Pas de réaction fébrile marquée.

Vers le 15$^e$ jour, le blessé commence à se lever, mais il ne peut rester longtemps debout, car il éprouve dans la jambe des engourdissements et des pesanteurs.

Les muscles de la cuisse et du mollet gauches subissent une certaine atrophie (3$^{cm}$5 à la cuisse et 1$^{cm}$5 à la jambe), comme l'indiquent les mensurations faites un mois après l'accident :

Jambe gauche (malade) à 0$^m$,12 au-dessous du bec rotulien — 0$^m$,31 } 0$^m$,015
—   droite (saine)      —    —    —    0$^m$,325 }

Cuisse gauche (malade) à 0$^m$,15 au-dessus de la rotule = 0$^m$,43 } 0$^m$,035
—   droite (saine)      —    —    —    0$^m$,465 }

Cette atrophie, vigoureusement combattue par les bains, les massages, l'électricité, les mouvements actifs et passifs, disparaît assez promptement et 3 mois après l'accident, au retour d'un long congé de convalescence, les deux membres inférieurs ont les mêmes dimensions.

Le blessé reprend alors son service.

Un an après, au moment de sa libération, les deux orifices étaient marqués par deux taches brunes, l'une linéaire non déprimée, l'autre ovalaire et en forme de cupule cicatricielle.

* *

II. — MUTILATION VOLONTAIRE DE LA MAIN PAR BALLE LEBEL LANCÉE PAR UN COUP DE FEU A BLANC. — Dans le livre de notre camarade Huguet (*maladies simulées et mutilations volon-*

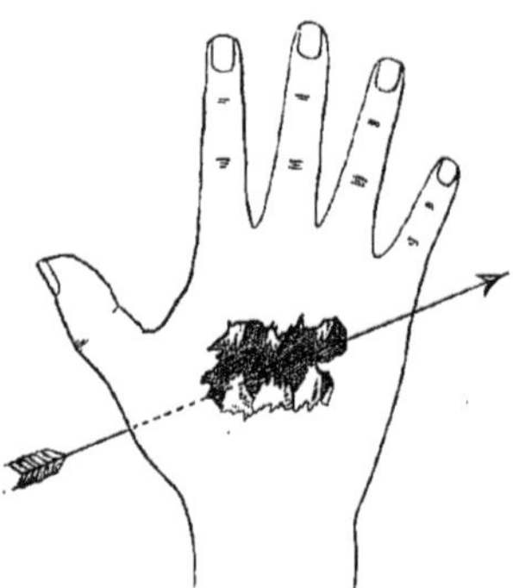

Fig. 31 [1].

Coup de feu à blanc lançant une balle Lebel. Aspect de l'orifice de sortie et des lésions osseuses après l'accident.

Fig. 32.

Dispositif de la cartouche employée (balle 1886 enfoncée par sa pointe dans un étui de cartouche à blanc).

*taires*), nous avons trouvé un cas semblable de *balle Lebel, propulsée par une cartouche à blanc*, qui produisit une large mutilation de la main droite.

Voici cette observation in-extenso :

*Année 1895. — Mutilation de la main droite par coup de feu à blanc (carabine de cavalerie). — Orifice d'entrée* arrondi, voisin de l'articulation du poignet, siégeant à la face palmaire entre les éminences thénar et hypothénar ; *orifice de sortie* à la

[1] Ces 4 clichés sont dûs à l'obligeance de M. Charles-Lavauzelle. Ils sont extraits du livre du médecin-major Huguet.

face dorsale, avec des *dimensions d'une pièce de cinq francs* très irrégulière. Eclatement de plusieurs os du carpe : fracture avec esquilles des 2e, 3e métacarpiens et fracture du 4e métacarpien ; rupture des tendons extenseurs de l'annulaire et du médius ; perte étendue des parties molles de la main. Cicatrice adhérente, gêne considérable des mouvements de la main. Troubles trophiques des doigts et de la main ; lésions des ongles,

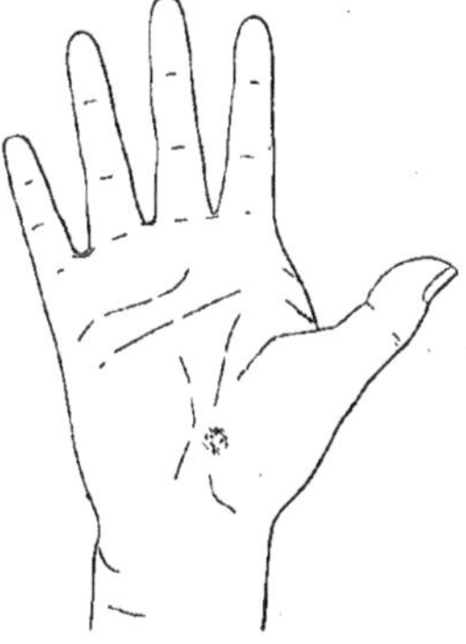

Fig. 33.
Cicatrice du trou d'entrée.

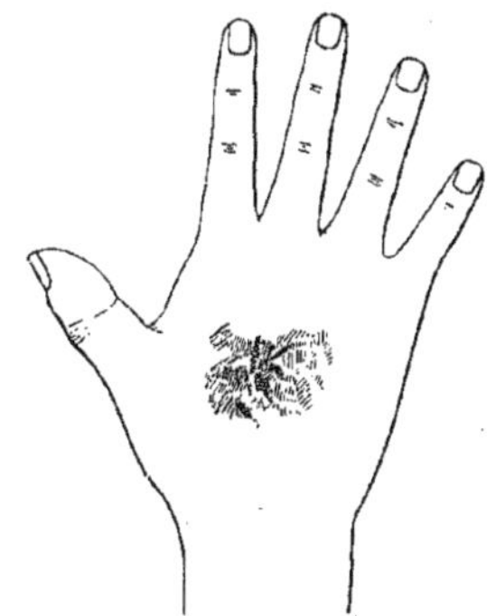

Fig. 34.
Cicatrice du trou de sortie.

troubles circulatoires, teinte violacée des téguments; l'apparition du froid déterminant des tournioles et des phlyctènes sur les doigts. H... a constamment sa main enveloppée dans un gant de laine.

H... s'est mutilé dans le but d'obtenir un congé de convalescence pour suivre à Paris une chanteuse de café-concert. Pour arriver à ses fins, H... *a pris une balle ramassée au champ de tir*, (où il avait été employé comme marqueur quelques jours auparavant), *et l'a enfoncée par sa pointe dans un étui de cartouche à blanc.* La façon particulière dont le projectile a été disposé explique l'étendue et la gravité des lésions produites.

*<br>*

### F. — EXPÉRIENCES FAITES AVEC DES CARTOUCHES A BLANC LANÇANT DES PROJECTILES RÉELS (BALLES LEBEL).

A l'occasion de l'accident survenu dans notre régiment, nous avons été chargés avec notre camarade, le commandant Patez, alors capitaine de tir, de faire des expériences *pour préciser dans quelles conditions on peut glisser une balle métallique dans un fusil de guerre, chargé à blanc ; et d'apprécier la force de pénétration de ces balles de guerre ainsi propulsées à l'aide des cartouches d'exercice.*

#### I. — TIRS A BLANC AVEC BALLES MÉTALLIQUES DIRIGÉES CONTRE UN TALUS DE TERRE FRAICHEMENT REMUÉE (A 15 MÈTRES).

Ce talus avait la forme d'un vaste triangle dont la partie effilée mesurait 20 centimètres de large et la base 60 d'épaisseur.

*La 1re cartouche* (dont la balle en carton est entièrement enlevée et la balle métallique glissée préalablement dans le canon), a traversé 20 centimètres de terre. L'étui présentait une longue dépression verticale à sa surface.

A la périphérie de cet étui, on voyait des traces de grains de poudre incrustés, probablement tombés dans la chambre pendant le chargement.

Une balle neuve, introduite dans le collet de cet étui tiré, ne pouvait le franchir et restait plantée là, sans tomber dans l'intérieur.

*La 2e cartouche* a traversé 25 centimètres de terre ; mêmes constatations sur l'étui.

*La 3e cartouche* a traversé 30 centimètres de terre ; mêmes constatations sur l'étui.

*La 4e cartouche* n'a pas traversé 40 centimètres de terre ; étui très déformé, difficile à extraire du tonnerre.

*La 5e cartouche* a traversé 35 centimètres de terre ; mêmes déformations et mêmes difficultés d'extraction.

*La* 6° *cartouche* n'a pas traversé 45 centimètres de terre, mais la balle a été retrouvée champignonnée dans l'intérieur du talus.

*La* 7° *cartouche* (avec la fausse balle non complètement enlevée, mais simplement cassée au ras du collet), n'a pas traversé 50 centimètres de terre.

Une balle neuve tombait dans l'étui tiré.

*La* 8° *cartouche* (mêmes dispositions) a traversé 50 centimètres de terre.

En outre, nous avons tiré 10 balles à 15 mètres, à travers une couche de terre meuble, épaisse de 50 centimètres : 7 balles ont traversé, les 3 autres ont été retrouvées dans l'intérieur de la butte.

Tous ces tirs étaient exécutés avec des balles neuves, le fusil fixé sur un chevalet de pointage.

On peut donc conclure *qu'à* 15 *mètres, la force de pénétration des balles Lebel, lancées à l'aide de cartouches à blanc, sur des buttes de terre, est d'environ* 50 *centimètres.*

Ces tirs nous ont de plus prouvé *qu'il n'est pas nécessaire d'aléser le collet de ces cartouches à blanc, pour y introduire une balle métallique.* En opérant le chargement en deux temps, on peut tirer une vraie balle, sans attirer l'attention des voisins ; toutefois il est nécessaire d'abaisser le bout du canon pour introduire les projectiles dans le tonnerre.

Enfin, nous avons constaté que *ces tirs à blanc spéciaux peuvent se faire aisément avec des balles déjà tirées et peu déformées.* — Aussi, nous avons fait rechercher, dans la butte de tir, de nombreuses balles faiblement déformées, qui nous ont servi pour la plupart de nos expériences.


II. — Tirs a blanc avec balles métalliques dirigées
sur des silhouettes en bois (a longues distances).

Pour nous rendre compte s'il est possible de lancer avec une cartouche à blanc une balle métallique à 300 mètres, distance qui séparait les deux adversaires à la manœuvre où se produisit notre accident, nous avons fait accoupler 10 grandes silhouettes en bois d'hommes debout : elles formaient ainsi réunies une cible unique de 14 centimètres d'épaisseur.

Sur 22 cartouches à blanc, lançant ces balles, nous avons obtenu 12 transfixions complètes, en utilisant des hausses différentes.

Des nombreux essais que nous avons exécutés, nous pouvons conclure *qu'à* 250 *mètres avec la hausse de* 400 *mètres, il est même possible de régler un tir ; à* 300 *mètres, il faut utiliser la hausse de* 500 *mètres et à* 400 *mètres celle de* 600 *et* 700 *mètres.*

A la distance de 500 mètres, il faut prendre la hausse de 800 mètres, qui n'a été trouvée qu'après tâtonnements, en tirant sur 2 panneaux de 2 mètres de côté, placés l'un derrière l'autre, à 4 mètres de distance.

L'orifice du premier panneau présentait avec celui du second une différence de 7 centimètres, chiffre qui correspond à l'angle de chute de 1500 mètres.

$$\text{A 200 mètres, l'écart probable est} \begin{cases} H = 0{,}25 \\ V = 0{,}24. \end{cases}$$

$$\text{A 200 mètres, le point moyen .} \begin{cases} = 0{,}47 \text{ inférieur.} \\ = 0{,}08 \text{ à gauche.} \end{cases}$$

*En résumé, la charge de* 1ᵍʳ25 *de poudre brisante, contenue dans ces cartouches à blanc, agit comme une charge réduite, capable de traverser* 10 *cibles en bois à* 250 *mètres et par conséquent de tuer un homme à cette distance.*

### III. — Comparaison de ces tirs a blanc avec des balles métalliques neuves ou avec des balles ayant déja servi

La force de pénétration est sensiblement la même, mais sur les balles ayant déjà servi, on voit un double pas de rayure, comme celui que nous avons constaté sur la balle retrouvée dans la guêtre de notre blessé.

En outre, les rayures des balles neuves sont moins profondes, moins accentuées quand elles sont mues par des cartouches à blanc, que par des cartouches de guerre. Cela dépend, sans nul doute, de la moindre violence du choc gazeux sur le culot de la balle par la charge réduite des cartouches à fausse balle. Dans ces cas-là, *le métal étant moins épanoui, les rayures sont aussi moins apparentes.*

De nos diverses expériences, nous pouvons conclure :

1° Les balles métalliques, déjà tirées mais peu déformées, sont facilement introduites dans le canon du fusil.

2° Pour charger, on n'a qu'à rompre au ras du collet ces faux projectiles, puis pousser devant elles une vraie balle préalablement glissée dans le tonnerre.

3° Ces balles réelles se comportent comme si elles étaient mues avec des charges réduites.

4° Les balles ainsi lancées ont, jusqu'à 250 mètres, une force de pénétration très grande, puisque 10 cibles de sapin accolées ensemble peuvent être traversées.

5° *A* 250 *mètres*, on peut même régler le tir.

6° *A* 100 *mètres*, sur une butte de terre très meuble, les balles pénètrent jusqu'à 50 centimètres ; *à* 400 *mètres*, elles s'enfoncent encore jusqu'à 10 et 12 centimètres.

En somme, les balles neuves, comme les balles peu déformées, peuvent être lancées par des cartouches à blanc à de très grandes distances, et produire des lésions graves, même mortelles.

Or, il arrive que, malgré la défense expresse de prendre du plomb dans les buttes de tir, les hommes ont souvent en leur possession des balles tirées, à peine déformées. *Cela explique comment ils peuvent songer un jour, par gaminerie ou par vengeance, à utiliser ces projectiles, au cours d'une manœuvre à double action, qui leur assure l'impunité.*

Étourderie ou crime, ces actes inqualifiables devraient pouvoir être sévèrement punis : *aussi avons-nous essayé de trouver dans l'arme ou sur les étuis des cartouches à blanc, ayant lancé de vraies balles, quelques déformations ou indices certains, qui nous permettraient de découvrir le coupable.*

Nos investigations ont surtout porté :

1° Sur la disparition de la rainure de sertissage ;

2° Sur la coloration différente des collets ;

3° Sur les dépressions verticales des étuis ;

4° Sur la tonalité si différente des deux détonations, qui sont autant de signes, sinon de certitude absolue, du moins de très fortes présomptions.

### IV. — COMPARAISON DES ÉTUIS DES CARTOUCHES A BLANC NORMALES AVEC LES ÉTUIS DES CARTOUCHES A BLANC AYANT LANCÉ DES BALLES MÉTALLIQUES.

Les étuis des cartouches à blanc tirées normalement présentent à la partie supérieure du collet une gorge circulaire de sertissage (*b*), qui est produite mécaniquement, pour fixer l'étui sur la balle de carton.

*Fig. 35.*
Épreuve de la balle neuve. — *a*, balle Lebel. — *b*, rainure de sertissage. — *c*, collet. — *d*, étui métallique.

*Or, la persistance ou la disparition de cette rainure de sertissage, dans les tirs à blanc, a une réelle importance,* comme nous allons le voir.

#### a) *Persistance ou disparition de la rainure de sertissage.*

*Dans les tirs à blanc normaux,* cette rainure est conservée, car la fausse balle en traversant l'âme du fusil, n'oppose pas une résistance suffisante pour faire épanouir l'étui.

*Dans les tirs à blanc avec adjonction de vrais projectiles,* cette gorge de sertissage disparaît le plus souvent, car la balle métallique oppose une très grande résistance à franchir l'arme, ce qui provoque l'étalement du collet serti.

Dans le premier cas, une balle neuve ne peut pas franchir

cette gorge de sertissage et pénétrer dans l'étui ; dans le second cas au contraire, cette balle, n'étant plus arrêtée par le rétrécissement du sertissage, tombe facilement dans l'intérieur de l'étui (*Épreuve de la balle neuve, Fig.* 35).

La persistance de cette rainure dans les tirs à blanc normaux serait un phénomène physique de la plus haute importance, s'il était absolument constant. Malheureusement, il y a quelques fâcheuses exceptions.

En effet, nous avons examiné 6.000 cartouches à fausse balle, brûlées au cours de différentes manœuvres. Dans chaque caisse de 2000 étuis vides, nous avons trouvé environ 90 étuis dont le collet était suffisamment dilaté, pour laisser tomber une balle neuve dans l'intérieur de l'étui.

*Conclusions : La persistance de cette rainure de sertissage n'est pas absolument constante dans les tirs à blanc normaux :* aussi le doute est-il permis et, comme en justice, il doit profiter au coupable.

Ce défaut provient de l'opération du sertissage, qui n'est pas toujours exécutée avec assez de soin.

Dans nos recherches, nous avons en effet trouvé quelques étuis dont les collets ne présentaient aucune trace de sertissage et qu'une balle neuve traversait aisément. D'autres étuis offraient un demi-sertissage, c'est-à-dire que la cartouche ayant été présentée obliquement, la presse n'avait comprimé qu'une partie du collet, ainsi tranformé en bec de flûte, l'autre paroi restant verticale. Ces sertissages incomplets sont assez fréquents et permettent le plus souvent la pénétration d'une balle neuve dans l'intérieur de l'étui.

En résumé, *il est regrettable que cette gorge de sertissage ne soit pas toujours obtenue très soigneusement, car sa persistance ou sa disparition, avec l'épreuve de la balle neuve, seraient d'un secours précieux pour retrouver le coupable. Ce signe de présomption deviendrait ainsi un signe physique de certitude.*

b) *Coloration des collets. — Incrustations
de poudre et de carton. — Dépressions verticales des étuis.*

Après les tirs à blanc normaux, les collets de ces cartouches
présentent généralement une coloration ombrée, à reflets métalliques, irisés, tirant sur le vert émeraude, sans granulations,
sauf parfois à la base du collet, où l'on voit quelques grains de
poudre comburée.

Cette coloration ombrée s'étend très régulièrement à tout le
collet et ne dépasse pas la partie inférieure évasée, sur laquelle
l'irisation s'arrête suivant une ligne nettement circulaire. C'est
d'ailleurs sur cette partie renflée qu'on observe, comme nous
l'avons déjà dit, quelques incrustations de grains de poudre très
fins, bien comburés et assez adhérents.

Au contraire, avec les cartouches à blanc, qui ont lancé des
balles réelles, l'irisation des collets n'est plus du tout la même.
Dans ces cas-là, ou bien les étuis s'étalent fortement contre les
parois de l'arme, empêchant ainsi les gaz de refluer en arrière et
les étuis étant alors propres, très dilatés et sans aucune trace
d'incrustation de carton, ou bien le collet s'épanouissant moins,
la gerbe des gaz s'infiltre entre l'étui et les parois du tonnerre ce
qui produit une coloration plus étendue, plus dense, plus grenue
(débris de carton fortement adhérents) et *beaucoup plus irrégulière, en forme de longues coulées verticales, qui strient
toute la surface de l'étui, ou y déterminent parfois de profondes dépressions verticales.*

Donc, *dans les coups de feu à blanc simples, l'irisation s'arrête à la base du collet,* tandis que *dans les coups de feu à
blanc avec de vraies balles, cette coloration est nulle ou très
prononcée, très irrégulière et assez suivie d'incrustations de
carton ou de dépressions verticales dans le corps de l'étui.*

Avec les vraies balles, plus un étui est dilaté, plus il est
propre, et moins un étui est dilaté, plus il présente à sa périphérie des surfaces de crachement.

Aussi, nous concluerons en disant qu'*une forte dilatation de l'extrémité du collet permettant l'introduction d'une balle neuve, ou qu'une coloration irrégulière de l'étui avec incrustation de débris de carton ou avec des dépressions verticales sont des signes, sinon de certitude absolue, du moins de très fortes présomptions.*

### c) *Bruits des deux détonations.*

Le son produit par la détonation d'une cartouche à blanc normale est fort, ample, étoffé et bien différent du bruit maigre, sec, de tonalité plus élevée, produit par une cartouche à blanc lançant une balle métallique.

La différence est très nette, mais c'est un caractère trop subjectif pour pouvoir s'y arrêter.

* *

Maintenant, comparons les divers signes constatés dans les tirs à blanc normaux et ceux des tirs à blanc lançant des balles métalliques. Puis, nous analyserons la valeur respective de chacun d'eux pour la recherche du coupable :

TABLEAU COMPARATIF DE CES DIVERS SIGNES

| | TIRS A BLANC simples. | TIRS A BLANC avec balles métalliques. | VALEUR des signes. |
|---|---|---|---|
| I. — BRUIT DES DÉTONATIONS. | Sonorité très ample, très marquée ; forte résonnance de tonalité moyenne. | Sonorité moins ample ; son aigre, strident, de tonalité plus élevée. | Symptôme subjectif très net pour une oreille exercée. Simple signe de présomption. |
| II. — PERSISTANCE OU DISPARITION DE LA RAINURE DE SERTISSAGE . . . . | Persistance de la rainure de sertissage. Malheureusement 4 à 5 p. 100 d'étuis normalement tirés sont mal calibrés ou mal sertis et permettent l'introduction d'une balle Lebel. | Disparition très fréquente de la rainure de sertissage, car la résistance opposée par la balle métallique fait étaler le collet serti. | Simple signe de présomption, puisque certains étuis *peu ou mal sertis sont normalement dilatés.* |

|  | TIRS A BLANC simples. | TIRS A BLANC avec balles métalliques. | VALEUR des signes. |
|---|---|---|---|
| III. — COLORATION DIFFÉRENTE DES COLLETS. . . | Le collet de ces cartouches est plus ou moins ombré, bronzé, à reflets métalliques, peu marqués, *mais sans granulations*. La coloration s'arrête très régulièrement à l'évasement du collet. | Le collet est, ou bien très dilaté et sans coloration, ou bien peu dilaté et présente alors une coloration très irrégulière répandue en longues coulées sur tout l'étui (incrustations de poudre et de carton.) On constate aussi parfois des enfoncements verticaux de l'étui ou de longues incrustations de carton, qui sont, dans ces cas-là, presque un signe de certitude. | La coloration est assez variable. *L'incrustation de carton ou les enfoncements verticaux de l'étui sont des signes de quasi certitude.* |
| IV. — DÉPRESSIONS VERTICALES SUR LES ÉTUIS. INCRUSTATIONS DE CARTON. | Les dépressions sur l'étui, comme les incrustations de carton *ne sont jamais constatées dans les tirs simples.* | Les enfoncements verticaux et les incrustations de carton sont dus au refoulement des gaz en arrière, au moment où les vraies balles sont mises en mouvement. | *Sont des signes de certitude :* Malheureusement ils existent rarement. |

## V. — CONDUITE A TENIR DANS LA RECHERCHE D'UN COUPABLE

Connaissant bien la valeur de ces signes, demandons-nous maintenant s'il serait possible de retrouver dans le rang un homme qui, au cours d'une manœuvre, aurait ainsi lancé un vrai projectile.

L'examen des fusils ne donne aucun renseignement ; il est inutile de s'y arrêter.

L'examen des étuis vides, au contraire, peut être fort instructif. Dans ces cas-là, on étudiera : 1° la coloration qui est si différente dans les tirs à blanc normaux ou dans les tirs à blanc avec balles métalliques ; 2° la persistance ou la disparition de la rainure de sertissage ; 3° enfin, la présence de dépressions verticales ou de longues traînées irrégulières de poudre et de carton incrustés sur l'étui.

Comme nous l'avons vu, aucun de ces signes n'entraîne une certitude absolue, mais leur constatation fera pourtant peser les plus lourds soupçons sur un homme détenteur d'un étui présentant quelques-uns de ces signes, soit une dépression verticale, soit des incrustations irrégulières de poudre et de carton.

De plus, pour restreindre les recherches, au commandement de « Cessez le feu », faites arrêter les troupes, interrogez la direction de la balle, indiquée par le trajet du séton, *faites placer le blessé dans la position exacte où il se trouvait*; en un mot, *reconstituez la scène de l'accident, puis marchez droit sur la ou les fractions placées en face.* (*Principe de la position pour la recherche du coupable*).

Alors visitez soigneusement toutes les cartouchières, comptez les étuis pour constater les pertes, puis recherchez si ces étuis tirés présentent, soit un collet dilaté (épreuve de la balle neuve), soit un enfoncement vertical, soit de longues trainées d'incrustations.

Une enquête ainsi menée conduira, sinon à la certitude absolue, (l'ombre d'un doute doit toujours profiter à l'accusé), du moins à de très fortes présomptions, et l'auteur volontaire de ce crime ou de cet homicide par imprudence, pris de remords, fera peut-être des aveux complets, ou ne recommencera pas ses fâcheux exploits, se sachant surveillé de près.

Mais, puisqu'en somme aucun de ces signes n'est infaillible et que le doute est fréquent, nous n'aurions plus, si dans l'avenir ces accidents regrettables se reproduisaient trop souvent, qu'à adopter un appareil protecteur et révélateur, comme celui préconisé par M. Kussman, d'Essen, (*Eine vorrichtung zur verhütung von unglücksfällen bein Manöverschuss*), dont nous donnons ici une description succincte.

### APPAREILS PROTECTEURS CONTRE LES COUPS DE FEU HOMICIDES DES MANŒUVRES.

L'appareil de M. Kussman consiste en un tube dont la partie postérieure cylindrique est vissée sur la bouche du canon et dont la partie antérieure continue l'âme du fusil.

Mais tandis que la paroi inférieure de ce tube se prolonge et se redresse vers son extrémité terminale en forme de .cuiller, la

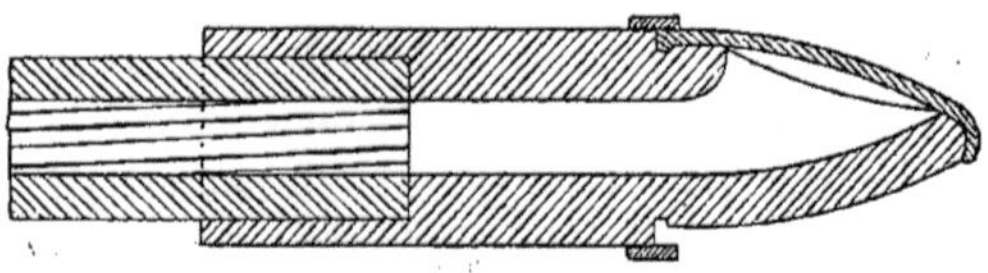

Fig. 36.
Appareil fermé (coupe).

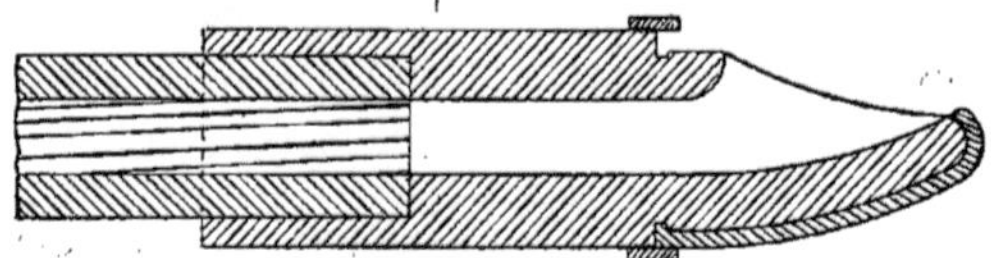

Fig. 37.
Appareil ouvert (coupe).

paroi supérieure au contraire s'arrête aux deux tiers; ce qui délimite une ouverture fortement évasée, regardant en haut.

Grâce à ce dispositif, la fausse balle non seulement est détournée de sa direction, mais elle se brise bien mieux contre cette cuiller, à sa sortie du canon (Fig. 36 et 37).

M. Kussman prétend qu'en Allemagne les cartouches à fausses balles en bois, tirées sans son appareil de sûreté, peuvent atteindre des cibles jusqu'à 15 mètres, tandis qu'avec son instrument les fragments ligneux tombent de suite sur le sol et tout danger est écarté.

En outre, ajoute-t-il, *cet appareil offre l'avantage précieux de détourner de sa course normale toute balle réelle introduite par erreur ou malveillanve dans le fusil, et permet, au cas où un pareil fait se produirait, de retrouver d'une manière cer-*

*taine le fusil qui a tiré une cartouche à balle réelle ou une
cartouche à blanc avec une balle surajoutée.*

Grâce à un petit mécanisme très simple, cet instrument peut
s'ouvrir et se fermer à volonté, comme l'indiquent les schémas
insérés ci-contre : fermé, il sert de couvre-bouche à l'arme.

L'appareil peut rester fixé en tout temps au fusil et n'en être
détaché, au moyen d'une clef spéciale, conservée par un sous-
officier, qu'au moment où l'on veut exécuter des tirs à la cible.
Son prix d'achat est des plus modiques.

En résumé, voici d'après l'inventeur les avantages offerts par
cet appareil :

1° Les tirs à blanc sont avec lui exécutés sans danger;

2° Le tireur ressent à peine un léger recul de l'arme;

3° Une balle réelle serait, grâce à lui, déviée du plan de
tir;

4° A l'exercice, un soldat ne sera plus tenté de tirer, dans un
but criminel, un projectile réel;

5° Le tireur coupable est facilement découvert;

6° L'appareil sert en même temps de couvre-bouche;

7° Il se fixe facilement à toutes les armes;

8° On peut utiliser les munitions du service courant.

** **

Avant l'invention de Kussman, en Autriche-Hongrie, on avait
expérimenté un appareil protecteur spécial, qui était aussi fixé
sur la bouche du fusil.

Cet instrument, écrit Deubler : « se composait d'un cône placé
dans l'axe du canon qu'il prolongeait. Le sommet du cône était
dirigé vers la bouche de l'arme, dont il était à peine séparé de
30 à 40 millimètres; il était fixé à l'extrémité du canon au
moyen d'une tige et d'un anneau, qui n'empêchaient pas de
mettre et d'enlever la baïonnette.

« Les expériences faites avec cet appareil montrèrent que sa
construction devait être très solide pour lui permettre de résister
longtemps à la pression des gaz et pour l'empêcher, dans les

tirs d'exercice, de se fragmenter en éclats métalliques susceptibles d'être projetés au loin.

« Mais plusieurs inconvénients s'opposèrent à son adoption :
d'abord l'*aspect peu militaire* offert par les armes ainsi munies
de cet accessoire, puis l'augmentation du poids de l'arme, ce qui
était une condition fâcheuse, ensuite la facilité que présentaient
ces fusils à s'accrocher aux branches des arbres dans la traversée des bois ou des endroits broussailleux, et enfin, circons-
tance particulièrement grave, dans les feux sur plusieurs rangs,
ou sur une ligne de tirailleurs épousant les plis courbes d'un
terrain onduleux, les hommes des rangs voisins pouvaient être
atteints par les fragments de ces fausses balles. »

*⁎*
*⁎ ⁎*

En résumé, ces appareils de sûreté donneraient seuls, en cas
de tir à blanc avec balle métallique, une certitude absolue, mais
tant que ces coups de feu criminels seront une heureuse exception, les autorités militaires resteront hostiles à l'adoption de
ces instruments protecteurs, qui donneraient aux fusils de guerre,
selon la remarque de Deubler « l'aspect peu militaire ».

# CHAPITRE IV

## OBSERVATIONS PUBLIÉES ET INÉDITES DE CES BLESSURES
## PAR COUPS DE FEU A BLANC

Dans ce chapitre, nous allons étudier les blessures produites par les fausses balles sur le vivant.

Plusieurs observations ont déjà été publiées, soit dans les Revues militaires de l'étranger, soit surtout dans nos *Archives de Médecine et de Pharmacie militaires*.

Nous les avons soigneusement recueillies et sommairement résumées, en indiquant la cause de l'accident, la distance de l'arme, le siège de la blessure, le mode de terminaison et l'indication bibliographique.

Mais un grand nombre de ces relations médicales sont inédites : La plupart nous les avons trouvées dans les archives du Comité technique de santé militaire, au Ministère de la Guerre, où nous avons pu les recueillir, grâce à la bienveillante autorisation d'un de ses membres les plus éminents.

Enfin, quelques-uns de ces faits nous ont été obligeamment communiqués par nos camarades de France et de l'étranger. Qu'ils reçoivent tous ici le public hommage de notre vive sympathie et de notre sincère reconnaissance !

| NUMÉROS d'ordre. | NOM DE L'AUTEUR et source de l'observation. | CIRCONSTANCES et date de l'accident. | DISTANCE et résultats. | DESCRIPTION DE LA LÉSION |
|---|---|---|---|---|
| 1 | Caillet et Bernard, *Arch. méd. milit.*, 1894. | Accident. Manœuvre de nuit, 8 septembre 1893. | De 1 à 3 mètres environ (m^le 1874). **Face.** — *Mort par tétanos.* | **Coup de feu à la région fronto-temporo-malaire gauche.** — Dans la peau, incrustation de très nombreux grains de poudre noire du fusil 1874. Au front, deux petites plaies, à bords déchiquetés, contus; l'os n'est pas atteint. — Pansement. — Tétanos 9 jours après l'accident. — Mort. |
| 2 | Warion, *Arch. méd. milit.*, 1894. | Service en campagne, 8 avril 1892. | A 5 mètres environ (m^le 1874). **Face.** — *Mort par tétanos.* | **Coup de feu à la face.** — Au niveau de la pommette gauche, une petite plaie contuse, peu profonde, avec nombreux grains de poudre incrustés. — Pansement. — Tétanos le 9e jour. — Mort. |
| 3 | Weil et Moinel, *Arch. méd. milit.*, 1894. | En déchargeant son fusil, 24 juillet 1893. | A bout portant (m^le 1874). **Main.** — *Mort par tétanos.* | **Coup de feu à la main gauche tenue sur la bouche de l'arme.** — A la face palmaire, entre les 2e et 3e métacarpiens, une petite plaie circulaire de 1 centimètre de diamètre. — Au dos, vaste arrachement à volets de la peau du 2e espace intermétacarpien et une perte de substance anfractueuse, remplie de débris adhérents, de tendons, d'aponévroses, de muscles, mesurant 4 centimètres (vaste cône de projection). — Pansement et attelle palmaire. — Tétanos le 10e jour. — Mort. |
| 4 | Dumayne, *Arch. méd. milit.*, 1894. | Accident par fanfaronnade. (Voulait démontrer à ses camarades l'innocuité de ces tirs à blanc.) 6 mars 1893. | A bout portant (m^le 1874). **Avant-bras.** — *Mort par tétanos.* | **Coup de feu à l'avant-bras gauche tenu sur la bouche de l'arme.** — Fracture du cubitus. — Séton complet. — Orifice d'entrée, 3 centimètres. — Orifice de sortie, 6 centimètres. — Dans le trajet un magma de muscles contus, brûlés, parsemés d'esquilles (cône de projection). — Pansement. — Tétanos le 13e jour. — Mort. |
| 5 | Dupeyron, *Arch. méd. milit.*, 1895. | Accident dans une manœuvre, en s'asseyant, 9 septembre 1895. | A 20 centimètres (m^le 1874). **Face.** — *Guérison.* | **Blessure de la face.** — Le coup de feu a fendu la lèvre supérieure en un bec-de-lièvre très irrégulier, brisé trois incisives, luxé une canine et déterminé une fracture esquilleuse du rebord alvéolaire du maxillaire supérieur. Il y avait en outre des plaies ecchymotiques de la langue et de la voûte palatine. Il n'y a nulle part d'incrustation de grains de poudre. Irrigation et régularisation. — Pansement. — Sorti par guérison. — Un mois après son entrée à l'hôpital, le blessé était remis au régime ordinaire. |
| 6 | Bergasse, *Arch. méd. milit.*, 1896. | Accident dans un service en campagne. Brigadier à pied embusqué derrière un mur, tire sur cavalier qui longeait ce mur, 31 mai 1896. | A 40 centimètres (carabine m^le 1886). **Foie.** — *Mort instantanée.* | **Blessure mortelle du foie.** — Le coup a traversé la veste, la chemise, la ceinture de flanelle et a produit à 4 centimètres au-dessous et à droite de l'appendice xyphoïde, une perforation cutanée de 1 centimètre et demi de diamètre, conduisant au lobe gauche du foie qui est réduit en bouillie (autopsie). |
| 7 | Annequin, *Arch. méd. milit.*, 1896. | Accident en faisant la démonstration du chargement du magasin. Cartouche à blanc prise pour une cartouche d'instruction en bois, 20 novembre 1895. | A 25 centimètres environ. **Jambe.** — *Guérison. Cicatrice adhérente au tibia.* | **Perforation incomplète de la partie supérieure du tibia droit,** *par la balle en carton d'une cartouche à blanc prise pour une cartouche d'instruction en bois.* — A 4 centimètres et demi au-dessous de l'interligne articulaire du genou droit, se trouve une plaie contuse, arrondie. — Peau décollée. — Plus profondément, un foyer d'attrition où le tissu spongieux est tassé et écrasé. De nombreuses parcelles de carton s'y trouvent mêlées aux débris d'os et au sang, qui continue à suinter des trabécules osseuses brisées; aucune fissure ne paraît s'étendre à l'articulation du genou. — Débridement des téguments dans la limite du décollement. — Abrasion, curettage de la cavité. — Cicatrisation lente, troubles trophiques, raideurs articulaires. — Guérison. — Cicatrice adhérente au tibia. |

| NUMÉROS d'ordre. | NOM DE L'AUTEUR et source de l'observation. | CIRCONSTANCES et date de l'accident. | DISTANCE et résultats. | DESCRIPTION DE LA LÉSION |
|---|---|---|---|---|
| 8 | ANNEQUIN, *Arch. méd. milit.*, 1898 | Accident durant une manœuvre à double action, 21 mars 1893. | 3 mètres environ. **Œil gauche**. — *Guérison*. | **Plaie de la sclérotique et de la cornée.** — Epanchement dans la chambre antérieure, sans déchirure de l'iris. — Particularité intéressante : Opacification temporaire des couches profondes de la cornée, qui se fendillent sous le choc et s'imbibent d'humeur aqueuse. — Désinfection et occlusion de l'œil. — Guérison rapide. — Reprend service. — Acuité visuelle = 1. |
| 9 | CHUPIN, *Arch. méd. milit.*, 1897. | Tentative de suicide. Carabine dirigée vers hypochondre gauche. Canon appuyé obliquement sur le flanc droit, 20 juin 1897. | A bout touchant. **Abdomen** (région de l'épine iliaque gauche). — *Guérison*. | **Plaie pénétrante de l'abdomen.** — Les vêtements de toile et la chemise sont perforés, le boîtier de la montre est écorné. — Entre l'épine iliaque antéro-supérieure gauche et la 12e côte, un orifice d'entrée (50 centimes), d'où sort du sang mêlé de bulles de gaz; — trajet dans les mucles déchirés; — l'os iliaque est brisé sur 3 ou 4 centimètres. — Traitement. — Laparotomie latérale. — Péritoine intéressé, mais le gros intestin est indemne. — Guérison. |
| 10 | BAZIN et LIGOUZAT, *Arch. méd. milit.*, 1897. | Tentative de suicide, 10 février 1896. | A bout touchant. **Face** (sous le menton). — *Guérison*. | **Blessure de la face.** — **Fracture du maxillaire inférieur par coup de feu tiré sous le menton.** — Le blessé présente une ablation d'une partie du squelette de la face du côté droit, avec fractures multiples, fissures et fêlures propagées en haut vers la racine du nez et horizontalement dans l'épaisseur de la voûte palatine et des plaies variées des parties molles recouvrant le squelette lésé. — Orifice d'entrée sous le menton; l'orifice de sortie est constitué par une énorme brèche cutanée, qui s'étend de la lèvre supérieure à l'angle interne de l'œil droit. — Vision totalement abolie à droite. — Traitement : abrasion d'esquilles. — Extraction de dents. — Suture métallique des deux fragments du maxillaire. — Appareils de prothèse. Guérison lente; nasonnement et déformation de la face. Réforme n° 2. |
| 11 | BOPPE, *Arch. méd. milit.*, 1897. | Accident provoqué par un camarade, en nettoyant sa carabine, 27 janvier 1896. | A 40 centimètres environ. **Cuisse gauche.** — *Guérison*. | **Plaie pénétrante de la cuisse gauche.** — **Délabrement considérable.** — Après chloroformisation, le doigt est introduit dans l'orifice d'entrée situé à 12 centimètres du pli de l'aine, au sommet du triangle de Scarpa, et se meut dans un véritable hachis de muscles. En avant et en dedans du fémur dénudé de son périoste, dans une étendue de trois travers de doigt, il existe une cavité de la dimension d'une orange creusée aux dépens du quadriceps crural, se prolongeant à la partie interne jusqu'à la gaine des vaisseaux (on sent battre la fémorale) et allant en dehors et en haut jusqu'à l'épine iliaque antéro-supérieure. — Lavage et drainage de la cavité avec 4 gros grains. — Guérison. — Reprend service. |
| 12 | BOPPE, *Arch. méd. milit.*, 1897. | Accident durant un service en campagne. Coup tiré par dessus une haie. Année 1893. | A 1m,50. **Face** (yeux). — *Guérison*. | **Blessure de la face.** — Un coup de feu dont les grains de poudre, lui tatouèrent le visage : quelques-uns pénétrèrent dans l'œil et l'un d'eux resta enclavé dans l'épaisseur de l'iris. (Exemple de tolérance d'un corps étranger.) — Guérison rapide. |
| 13 | BOPPE, *Arch. méd. milit.*, 1898. | Accident durant un service en campagne. Coup tiré sur un cavalier longeant la lisière d'un bois. Année 1894. | 2 mètres environ **Face** (yeux). — *Guérison*. | **Blessure de la face.** — Des grains de poudre traversant la paupière à sa commissure externe, se logèrent au fond de l'œil, sans toutefois provoquer d'accidents d'irido-choroïdite. — Deux ans après, on trouve de larges taches pigmentées dans la macula. La vision est abolie dans les 4/5 du champ visuel. — L'autre œil est resté normal. (Exemple de tolérance de corps étrangers.) |

| NUMÉROS d'ordre. | NOM DE L'AUTEUR et source de l'observation. | CIRCONSTANCES et date de l'accident. | DISTANCE et résultats. | DESCRIPTION DE LA LÉSION |
|---|---|---|---|---|
| 14 | CHAVIER, *Arch. méd. milit.*, 1898. | Accident. Un soldat étant appuyé sur le canon de son fusil placé derrière son dos, sous le sac, le coup de feu à blanc part. | A 5 centimètres environ. **Région thoracique postérieure.** — *Guérison.* | **Blessure de la région thoracique postérieure.** — A la partie moyenne et à droite de la colonne vertébrale, à 6 centimètres du rachis, on constate une large plaie ovalaire, à grand axe vertical, de 8 centimètres, à bords brûlés et déchiquetés, donnant passage à une abondante hémorragie ; les 5° et 6° côtes sont à nu dans l'étendue de 1 centimètre. Le doigt pénètre par l'espace intercostal dans le thorax : chaque manœuvre s'accompagne du sifflement caractéristique de la traumatopnée. — Blessure du poumon. — Hémoptysies. — Hémothorax suppuré tardif. — Pleurotomie avec résection de la 5° côte au niveau de la plaie. Guérison lente. |
| 15 | FRILET, *Arch. méd. milit.*, 1898. | Suicide. (Grandes manœuvres.) Avec le pied droit déchaussé, fait mouvoir la gâchette, 6 septembre 1896. | A bout portant. **Crâne.** — *Mort instantanée.* | **Fracture de plusieurs os du crâne.** — **Destruction d'une notable partie du cerveau.** — *Autopsie.* — Orifice d'entrée au-devant du conduit auditif, — bords déchiquetés avec des traces de brûlure. Un doigt enfoncé dans la plaie pénètre très aisément dans la cavité cranienne. On constate alors que l'apophyse zygomatique, le condyle du maxillaire inférieur, l'écaille et une portion de la région pétreuse du temporal ont été fracturés comminutivement. Les circonvolutions cérébrales sont réduites en bouillie ; la zone de destruction occupe un bon tiers de la masse encéphalique. |
| 16 | VIXSAC, *Arch. méd. milit.*, 1901. | Accident. Coup de feu à blanc tiré par un camarade du second rang, 21 décembre 1898. | A 2 ou 3 centimètres (m<sup>re</sup> 1874). **Bras.** — *Guérison.* | **Plaie contuse à la région supero-externe du bras par coup de feu à blanc.** — Plaie de 2 centimètres de profondeur : la peau, le tissu cellulaire, l'aponévrose, les fibres du muscle triceps sont perforés comme à l'emporte-pièce. Si le coup de feu, au lieu d'atteindre cette région où il n'y a pas de vaisseaux importants, avait atteint l'aisselle, les désordres les plus graves auraient pu se produire. — Désinfection. — Plus tard, massage. |
| 17 | VIXSAC, *Arch. méd. milit.*, 1901. | Accident. Septembre 1899. | A bout portant. **Poignet gauche** (ankylose). Pension de retraite. — *Guérison relative.* | **Coup de feu à blanc au poignet gauche.** — Trajet oblique du bord antéro-interne, un peu au-dessus du pisiforme, au bord postéro-externe. — Les bords de la plaie dorsale étaient déchiquetés ; la surface morcelée, noirâtre, présentait des débris de tendons et de tissu osseux. — A la radiographie, tous les os du carpe sont réduits en bouillie, sauf le trapèze et le scaphoïde ; on voit aussi la destruction de l'extrémité supérieure de la tête des 3°, 4° et 5° métacarpiens. — Ankylose du poignet. — La flexion et l'extension des doigts se font assez bien, mais la force est très diminuée. — Réforme n° 1 : Retraite (6° classe). — Guérison relative. — Impotence partielle. |
| 18 | VIXSAC, *Arch. méd. milit.*, 1901. | Accident en nettoyant son fusil ; cartouche à blanc oubliée dans l'arme, 27 février 1900. | A bout portant. **Paume de la main.** Pension de retraite. — *Guérison relative.* | **Coup de feu à la paume de la main gauche.** — Orifice d'entrée *très étroit et en forme de boutonnière*, — orifice de sortie comprend *la presque totalité du dos de la main*. — Les muscles, les tendons, les os, la peau ont disparu au niveau des 2°, 3° et 4° métacarpiens. — Le pouce et le petit doigt n'ont pas été lésés. — A la face palmaire, plaie de 3 centimètres ; — à la face dorsale, la région est toute délabrée : la peau, le tissu cellulaire, les veines, les muscles interosseux, les lombricaux sont détruits. — Longue suppuration. — Réparation lente. — Ankylose des doigts. — Mouvements très limités. — Réforme n° 1. — Retraite (6° classe.) — Guérison relative. — Impotence partielle. |

| NUMÉROS d'ordre. | NOM DE L'AUTEUR et source de l'observation. | CIRCONSTANCES et date de l'accident. | DISTANCE et résultats. | DESCRIPTION DE LA LÉSION |
|---|---|---|---|---|
| 19 | Maffre, *Arch. méd. milit.*, 1902. | Tentative de mutilation. Étant de garde à une poudrière, cet homme prétendait avoir été attaqué par un malfaiteur, 18 mars 1901. | A bout portant. **Cuisse droite** (blessure provoquée). — *Guérison.* | **Blessure de la cuisse droite.** — Orifice d'entrée au tiers moyen de la face interne du membre ; — orifice de sortie à la partie postérieure de la cuisse, plus bas que l'orifice d'entrée, de 4 à 5 centimètres. — Le trajet a contourné le fémur en dedans et en dessous. Par la plaie s'est produite une hémorragie très considérable. Par l'étude des dilacérations des vêtements, Maffre démontra que cet homme s'était fait lui-même cette blessure à l'aide d'une cartouche à fausse balle et qu'il n'avait été nullement attaqué par un malfaiteur. — Guérison. |
| 20 | Bonnette, *Arch. méd. milit.*, 1902. | Homicide au cours d'une discussion entre deux tirailleurs indigènes, 15 novembre 1897. | A 10 centimètres environ. **Abdomen.** Perforation du gros intestin et vaste hémorragie intra-péritonéale. — *Mort rapide.* | **Blessure mortelle de l'abdomen avec perforation du gros intestin.** — *Autopsie.* — A son coude splénique, vaste perforation et une plus petite au milieu de l'S iliaque. L'abdomen et le petit bassin sont remplis de sang (2 litres). — Pas de rupture d'un vaisseau important : *ce vaste épanchement sanguin est dû à une hémorragie en nappe consécutive à la section de petites artères et veines mésentériques et coliques.* |
| 21 | Le Guelinel de Lignerolles, *Arch. méd. milit.*, 1903. | Suicide. Avait retiré la fausse balle en carton, 28 janvier 1903. | A bout portant. Cartouche à blanc sans fausse balle. **Abdomen.** Rupture de la veine iliaque gauche. — *Mort rapide.* | **Blessure mortelle de l'abdomen avec rupture de la veine iliaque primitive gauche.** — L'abdomen et le petit bassin sont remplis d'une masse énorme de caillots et de sang liquide noir, évaluée à 3 litres. — Pas de trace de perforation dans les anses intestinales. — Muscle psoas gauche rompu et réduit en bouillie. — Il est intéressant de noter qu'après de semblables dégâts, les anses intestinales, la vessie et le rein voisin n'aient pas été altérés par la déflagration de la poudre dans l'abdomen. Mort rapide. — Autopsie. |
| 22 | Toussaint, *Revue médicale de l'Est*, juillet 1899, page 566. | Suicide. Étant couché, a déclanché la gâchette, attachée avec une ficelle enroulée en étrier sous son pied droit, 3 juillet 1898. | A bout portant. Extrémité du canon appuyée sous le menton. **Face.** — *Mort instantanée.* | Éclatement de la boîte cranienne par la compression de l'air chez un suicidé par arme à feu avec une cartouche à blanc. — L'orifice d'entrée est sus-hyoïdien ; — pas d'orifice de sortie : écoulement sanguin par les conduits auditifs. — *Autopsie.* — Base de la langue réduite en bouillie. Le maxillaire inférieur a un trait de section verticale au niveau de la canine droite. — L'apophyse basilaire a éclaté ; de nombreuses esquilles ont été entraînées dans la protubérance, qui est dilacérée. — La base du crâne, à droite surtout, est sillonnée de traits multiples de fracture ; — les rochers sont devenus esquilleux. — Cette multiplicité de lésions immédiatement mortelles est due exclusivement à l'action de l'air, qui a formé projectile d'éclatement. (Ces phénomènes explosifs ont été surtout bien étudiés par Melsens). |
| 23 | Eichel, *Coup de feu à blanc du fusil allemand, modèle 1888*. Cité par Nimier et Laval (*Projectiles d'exercice, 1899*). | Suicide. Un homme se tire dans la bouche une cartouche à fausse balle. | A bout portant. **Face.** — *Guérison après 2 mois et demi de traitement.* | **Blessure de la face.** — *(Canon placé dans la bouche.)* L'œil gauche est chassé de l'orbite. — Le palais présente à gauche un trou de 5 centimètres sur 2, à bords déchiquetés, qui conduit dans la fosse nasale. — Aucun symptôme cérébral. — Le lendemain, Eichel pratique la résection autoplastique de la paroi orbitaire externe, afin d'explorer l'orbite. — Là, il trouve, derrière le globe oculaire, une masse de la grosseur d'une noix, bleuâtre, verruqueuse, constituée par des débris de muscles, os, sang, bois et surtout par la bourre de la cartouche. Après son ablation, on voit le nerf optique déchiré à 1 centimètre de son insertion au globe oculaire ; la partie postérieure de la paroi orbitaire inférieure était détruite. — Enucléation de l'œil et restauration de la paroi orbitaire externe remise en place. — Guérison. |

| NUMÉROS d'ordre. | NOM DE L'AUTEUR et source de l'observation. | CIRCONSTANCES et date de l'accident. | DISTANCE et résultats. | DESCRIPTION DE LA LÉSION |
|---|---|---|---|---|
| 24 | ATKINSON (Indes anglaises). *Lancet*, 1892, vol. II, p. 11. | Accident. Année 1892. | A bout portant. **Abdomen** (fosse iliaque droite). Rupture de la fémorale. Ligature. — *Mort.* | **Plaie de l'abdomen par coup de feu à blanc.** — Dans l'aine, au-dessous du ligament de Poupart, on voyait un trou d'entrée, en dehors du trajet de l'artère fémorale. Sous le chloroforme, on constata que la plaie remontait à 4 centimètres, que les muscles avaient été déchirés et que l'artère fémorale avait été complètement ouverte. On lia alors les deux bouts de l'artère avec des fils de soie, on lava au sublimé et après avoir mis un drain, on rapprocha les bords de la plaie avec du catgut. — Collapsus. — Mort 7 heures après l'accident. — *Autopsie.* — L'artère fémorale gauche était blessée juste au-dessous de son origine, les deux bouts étaient liés. — Les muscles de la région avoisinante étaient en bouillie. |
| 25 | FÉVRIER et PERRIN, (*in* thèse de Stoyanoff, Nancy, 1900). | Suicide. 14 juin 1900. | A bout portant. **Face** (au milieu du front). — *Mort instantanée.* | **Blessure de la face, à la région naso-fronto-orbitaire gauche.** — On voit là une énorme excavation pouvant loger un œuf au fond de laquelle apparaît la substance cérébrale mélangée à des débris osseux. A l'angle interne de l'œil gauche, en écartant les bords de la plaie, on voit l'os frontal dénudé et la partie interne du rebord orbitaire enlevée comme à l'emporte-pièce. — La profondeur de l'excavation est de 12 centimètres. — Vastes délabrements osseux dans le nez et le plafond des orbites. — Fractures irradiées. — La selle turcique elle-même est entamée ; — les globes oculaires sont intacts. — A la face inférieure du cerveau, les 2e et 3e circonvolutions frontales droites sont réduites en bouillie. — Les deux nerfs optiques sont sectionnés. — Mort instantanée. — Autopsie. |
| 26 | FÉVRIER (*in* thèse de Stoyanoff, Nancy 1900). | Accident durant un service en campagne, 16 mai 1900. | A environ 2 mètres. **Crâne.** — *Guérison rapide.* | **Blessures superficielles du crâne.** — Tout autour du pavillon de l'oreille gauche, on voit quatre petites plaies (larges comme 50 centimes, 20 centimes et un pois). — Pas de communications entre elles. — La tête a été protégée par le képi ; nulle part le crâne n'est mis à nu. — Rupture du tympan, à gauche. — Cicatrisation rapide en 15 jours. — Guérison. |
| 27 | FÉVRIER (*in* thèse de Stoyanoff, Nancy 1900). | Accident, 12 juillet 1894. | A bout portant. **Jambe gauche.** — *Guérison lente.* | **Blessure du mollet gauche.** — Au tiers inférieur du mollet gauche, orifice arrondi (50 centimes). Le doigt, introduit dans cet orifice, pénètre dans une vaste cavité anfractueuse, tapissée par des muscles déchirés, rétractés et remplie de caillots. — Hémorragie assez abondante. — Une incision verticale de 10 centimètres, dont le centre correspond à l'orifice d'entrée, permet d'ouvrir le foyer dont le fond est formé par le ligament interosseux. — Artères friables. — Aussi ce chirurgien a recours à l'incision classique de la tibiale antérieure. — La cavité, lavée et régularisée, est bourrée de gaze iodoformée. — L'incision de la ligature est suturée. — Cicatrisation lente (3 mois.) — Mouvements bien conservés ; les muscles avaient été écartés et déchirés, mais non broyés. |
| 28 | FÉVRIER (*in* thèse de Stoyanoff, Nancy 1900). | Accident en sautant un fossé. Le coup part et blesse un voisin, 25 mai 1893. | A bout portant. **Abdomen.** Péritonite. Laparotomie le 6e jour. — *Mort.* | **Plaie pénétrante de l'abdomen par coup de feu à blanc** tiré à bout portant et ayant pénétré à la partie supéro-externe de l'arcade crurale. — **Péritonite putride consécutive.** — Laparotomie le 6e jour. — **Mort.** — Orifice en bec-de-flûte au milieu des épines iliaques ; au pourtour, plaques ecchymotiques avec lymphangite réticulaire et fièvre. — Six jours après l'accident, la face est grippée, les yeux excavés, le ventre se ballonne un peu, les vomissements persistent. — *Laparotomie.* — Les parois musculaires sont dilacérées et |

| NUMÉROS d'ordre. | NOM DE L'AUTEUR et source de l'observation. | CIRCONSTANCES et date de l'accident. | DISTANCE et résultats. | DESCRIPTION DE LA LÉSION |
|---|---|---|---|---|
| 28 | FÉVRIER (in thèse de Stoyanoff, Nancy 1900). (Suite). | Accident en sautant un fossé. Le coup part et blesse un voisin, 25 mai 1893. (Suite.) | A bout portant. **Abdomen.** Péritonite. Laparotomie le 6e jour. — Mort. (Suite.) | recouvertes d'un putrilage nauséeux ; — un liquide louche et fétide s'écoule. — La paroi abdominale est fendue verticalement jusqu'à la hauteur de l'ombilic. — Les anses intestinales apparaissent alors rouges, vascularisées, distendues, recouvertes par places de fausses membranes grisâtres, horriblement fétides, qui les agglutinent. — Pas de perforation intestinale. — Lavage à l'eau bouillie tiède. — Mort 5 heures après. — *Autopsie.* — Odeur fétide. — Les intestins sont agglutinés par des fausses membranes. — Poches de pus dans le mésocôlon. — Aucune trace de perforation intestinale. — Pas de traces du projectile en carton. — Le trajet de cette plaie siégeait entre les deux épines iliaques. |
| 29 | ZIMMERMANN, médecin-major autrichien, (in Wien. Klin. Wochenschrift, 1897) | Accident. Un soldat tire par plaisanterie un coup de feu à blanc sur un de ses camarades, 27 juillet 1896. | A 10 ou 20 centimètres. **Thorax.** — Mort 3 heures après l'accident. | **Plaie mortelle de la poitrine causée par une fausse balle en carton.** — Coup de feu reçu dans le côté droit de la poitrine, au niveau du 2e espace intercostal, au ras du sternum. Le projectile a traversé la plèvre et lèse le poumon droit (emphysème cutané, hémoptysies et hémopneumothorax). — La rupture de la mammaire interne était probable, vu le siège de la lésion. — Ce blessé étant dans le coma, une intervention chirurgicale fut jugée inutile. — Mort 2 heures après son entrée à l'hôpital. — *Autopsie.* — Par la bouche et le nez s'écoule un liquide sanguinolent, spumeux. Cou très épais, tendu, bleuâtre et donnant à la palpation une crépitation très nette. — Emphysème cutané *généralisé à la poitrine et à l'abdomen.* — L'orifice d'entrée est large de 2 centimètres environ et entouré d'un liséré noir. Section nette de la mammaire interne et de ses deux veines collatérales ; le 3e cartilage est fracturé. — Dans la plèvre droite, plus d'un litre de sang noir, mélangé de caillots. — Le poumon est contusionné et perforé. — La mort a été provoquée par une abondante hémorragie provenant de la mammaire interne et de la perforation pulmonaire. — Le sac péricardique présente quelques petites perforations. — Cœur intact. |
| 30 | DE PRADEL. France médicale, p. 228, 1898. | Accident en se baissant pour ramasser sa carabine qui tombait, septembre 1897. | A bout portant. **Abdomen.** — Mort 7 jours après l'accident. | **Blessure perforante de l'abdomen.** — Les vêtements sont percés. — Dans la fosse iliaque gauche, on voit deux plaies larges comme une pièce de 5 francs, séparées par un petit pont de peau saine. A la pression, on sent un empâtement dur et douloureux à gauche ; rien d'anormal à droite. — Etat général mauvais, pouls petit et fréquent, facies grippé et vomissements, signes évidents d'une réaction péritonéale. — Pas d'exploration. — Evacuation immédiate sur l'hôpital ; deux jours après, ce blessé présente des signes non douteux d'une péritonite, localisée dans la fosse iliaque gauche avec perforation de l'intestin, qui adhère aux lèvres cutanées de l'abdomen. Il s'était formé là une sorte d'anus contre nature, par lequel sortaient les matières et les gaz. La péritonite se généralisa et la mort survint 7 jours après l'accident. Pas d'intervention chirurgicale. — Pas d'autopsie. |
| 31 | FRILET, Arch. méd. milit., 1904. | Suicide par coup de feu à blanc *sans fausse balle,* 26 septembre 1903. A pressé la gâchette avec son épée-baïonnette. | A bout portant. **Cœur.** — Mort instantanée. | **Plaie perforante du thorax dans la région cardiaque.** — Trou situé à un travers de doigt en dedans et au-dessous du mamelon gauche, au niveau de la pointe du cœur. — Le doigt introduit constate que la pointe du cœur est réduite en bouillie. — *Autopsie.* — Trou ovalaire dans le 4e espace intercostal ; au pourtour, pas |

| NUMÉROS d'ordre. | NOM DE L'AUTEUR et source de l'observation. | CIRCONSTANCES et date de l'accident. | DISTANCE et résultats. | DESCRIPTION DE LA LÉSION |
|---|---|---|---|---|
| 31 | FRILET, *Arch. méd. milit.*, 1904. *(Suite.)* | Suicide par coup de feu à blanc *sans fausse balle*, 26 septembre 1903. A pressé la gâchette avec son épée-baïonnette. *(Suite.)* | A bout portant. **Cœur.** — *Mort instantanée.* *(Suite.)* | d'incrustation de grains de poudre. — Large déchirure du péricarde. — Le tiers inférieur du cœur est réduit en bouillie. — Eclatement des parois cardiaques qui présentent deux longues déchirures verticales. — Le médiastin est rempli de débris alimentaires et de sang coagulé; — rien aux poumons; — large perforation dans le diaphragme et l'estomac. — Foie et rate présentent quelques légères déchirures périphériques. |
| 32 | DAUTHUILE, *Caducée*, décembre 1903. | Accident. En nettoyant sa carabine blesse un camarade, septembre 1903. | A 2 mètres environ. **Orbite droit.** — *Guérison.* | **Perforation de la paupière supérieure droite.** — Vers l'angle interne, entre le rebord orbitaire et la partie supérieure du cartilage tarse, on trouve un trou d'entrée bien arrondi, de 6 à 7 millimètres, obturé par du tissu cellulaire. — Rien d'anormal à l'ophtalmoscope. — Violente céphalalgie : l'œil ne peut se mouvoir; la température s'élève, le pus se forme; avec une pince on retire de la plaie une fausse balle parfaitement conservée, enrobée d'une couche de mucopus. — Deux petits drains. — Guérison rapide en 15 jours. |
| 33 | EYMERI, in *Limousin médical*, mai 1901. | Accident. Le coup part ayant la main droite appliquée sur la bouche du canon, 1er août 1899. | A bout portant. **Main droite.** — *Guérison partielle.* Réforme n° 1. Pension de retraite. | **Blessure grave de la main droite.** — *Orifice d'entrée large comme une pièce de 50 centimes; — Orifice de sortie, vaste entonnoir au milieu du dos de la main.* — Fractures et esquilles des 2e, 3e et 4e métacarpiens. — Tendons extenseurs dilacérés. — Tendons fléchisseurs intacts. — Arcades palmaires intéressées. — Extraction des esquilles et régularisation. — Le 21 novembre, mouvements de flexion sont conservés, ceux d'extension sont partiellement récupérés. — Réforme n° 1 avec pension de retraite (6e classe). |
| 34 | STUCKER, STABSARZT, in *Deutsche militar. Zeitschrifft*, année 1900. | Accident. En se relevant touche le fusil chargé à blanc d'un voisin. | A bout portant. **Foie.** — Plaie perforante. *Guérison.* | **Blessure perforante du foie avec communication hépatico-intestinale consécutive.** — **Intervention.** — **Guérison.** — En 1900, coup de feu à blanc dans la région hépatique. — Large incision opératoire de 15 centimètres avec résection de 5 centimètres des 7e et 8e côtes, incision du diaphragme, constatation d'une plaie stellaire du lobe gauche du foie. — Nettoyage et tamponnement de la plaie, laissée ouverte. — 2 jours après débâcles intestinales contenant des caillots sanguins et *des débris de parenchyme hépatique*, preuve évidente de la communication et de la soudure du foie lésé au colon transverse contusionné. — Dès ce moment, tous les phénomènes morbides s'amendent promptement et le blessé guéri fut réformé après deux mois d'hospitalisation. |
| 35 | VAN EX, Méd. milit. belge, *Arch. méd. Belges*, 1902. | Accident dû à un coup de feu à blanc, tiré du second rang. | A courte distance. **Crâne.** — **Région pariétale droite**. Trépanation. — *Guérison.* | **Coup de feu de la région pariétale droite par une cartouche à blanc.** — **Trépanation.** — **Guérison.** — Le blessé s'affaisse, tombe dans le coma. — Pas de paralysie aux membres inférieurs. — Plaie large comme un écu sur l'os pariétal droit. — Paralysie faciale à gauche. — Bras gauche paralysé dénotant une compression cérébrale au niveau de la région rolandique par une esquille ou par un hématome. **Trépanation.** — Pas d'esquilles, mais deux petits hématomes de la grosseur d'une fève sont accolés à la face externe de la dure-mère. Les caillots sanguins sont enlevés et aucune hémorragie ne se produit. — Pansement aseptique; — les phénomènes paralytiques et comateux cèdent rapidement au bout de cinq à six jours. — Congé de convalescence de deux mois. — Reprend service. |

| NUMÉROS d'ordre. | NOM DE L'AUTEUR et source de l'observation. | CIRCONSTANCES et date de l'accident. | DISTANCE et résultats. | DESCRIPTION DE LA LÉSION |
|---|---|---|---|---|
| 36 | NIMIER, *Blessures du crâne et de l'encéphale*, p. 109. | Suicide. | A bout touchant. **Tempe droite.** — *Mort. Autopsie.* | **Suicide. — Coup de feu à blanc au niveau de la tempe droite. — Mort instantanée.** — Un jeune soldat se suicide en se tirant un coup de feu à blanc dans la région temporale droite.<br>*Autopsie.* — En dehors de la plaie temporale, les téguments de la face et du crâne sont partout intacts.<br>Plaie irrégulièrement arrondie, permettant l'introduction de deux doigts, située au-devant du conduit auditif, bords déchiquetés, un peu décollés, sans traces de brûlure; on y trouve un mélange de fines esquilles, de caillots sanguins et de substance cérébrale, mais point de grains de poudre ni de débris de la fausse balle.<br>Les doigts introduits plongent dans la cavité cranienne et dans la bouche. L'apophyse zygomatique, le condyle du maxillaire, l'écaille et une partie de la région pétreuse du temporal ont été fracturés comminutivement. La pulpe cérébrale est en bouillie sur un bon tiers de la masse encéphalique. On en extrait des fragments osseux, mais pas de corps étrangers. Sur les deux pariétaux de longs traits de fracture. |
| 37 | MAFFRE, *Arch. méd. milit.*, avril 1906. | Accident. Cavalier se relevait de terre en s'appuyant sur sa carabine, 25 juillet 1905. | A bout touchant. **Aisselle droite.** Tétanos. — *Mort.* | **Plaie pénétrante de la poitrine par coup de carabine à blanc. — Mort par tétanos.** — Au-dessous du creux axillaire droit, on voit un orifice d'entrée ayant les dimensions d'un pouce. — Il est creusé entre deux côtes non lésées. — Jet abondant de sang noir. — Pas d'orifice de sortie. — Introduction d'une compresse phéniquée en doigt de gant bourrée de charpie, puis compression en rabattant le bras sur ce tamponnement.<br>En cours de route, hémoptysies abondantes: le blessé arrive à l'hôpital dans un état désespéré. Injections d'éther, de caféine, de sérum gélatiné. Glace et repos absolu. — Du 26 au 31 juillet l'amélioration devient sensible. Mais le 1er août le blessé ne peut ouvrir la bouche. Tétanos. Convulsions. Spasmes. Orthopnos. — Mort rapide le 2 août. — Pas d'autopsie. |
| 38 | KLETT, OBERARZT, in *Deutsche militär. Zeitschrift*, mars 1906. | Tentative de suicide. | A bout portant. **Foie** (plaie pénétrante). Opération. — *Guérison.* | **Tentative de suicide. — Blessure pénétrante du foie. Tamponnement. — Guérison.** — Le 9 mai 1905, le uhlan S..., tente de se suicider avec sa carabine chargée à blanc. Le coup de feu est dirigé vers le cœur.<br>*Examen du blessé.* — Facies pâle, respiration pénible, pouls filiforme et rapide. — Trou d'entrée circulaire, large comme deux travers de doigt, bords déchiquetés avec des muscles dilacérés et des esquilles osseuses. A chaque expiration, issue de bulles gazeuses et de sang, météorisme, pas d'hémothorax, pas de blessure du cœur, ni du péricarde. Pas d'orifice de sortie.<br>*Opération.* — Blessure agrandie; résection d'un tronçon costal. Issue de sang et de bulles d'air. L'abdomen est ouvert. — Sur le lobe gauche du foie, on aperçoit une vaste excavation de la grosseur d'une pomme, d'où part une profonde déchirure, qui s'étend jusqu'à la face convexe. — Hémorragie abondante. Cette scissure est immédiatement suturée. — Sur le lobe droit, on trouve une grande déchirure avec de nombreuses petites scissures qui s'irradient. Elles sont saisies en bloc. — Pansement à la Mikulicz. — Sérum artificiel.<br>Les jours suivants broncho-pneumonie, expectoration sanguinolente, fièvre, vomissements, symptômes péritonéaux, qui vont en s'atténuant. — Trois mois après, la plaie était cicatrisée, indolore, selles normales, pas d'ictère, pas de douleurs s'irradiant vers l'épaule droite. — Réforme. |

| NUMÉROS d'ordre. | NOM DE L'AUTEUR et source de l'observation. | CIRCONSTANCES et date de l'accident. | DISTANCE et résultats. | DESCRIPTION DE LA LÉSION |
|---|---|---|---|---|
| 39 | FRANKE, STAB-ARZT, in *Deustche militar.Zeitschriff t,* avril 1906. | Tentative de sui-cide par un *coup* d'eau. | A bout portant. **Front** (plaie péné-trante). — *Guérison*. | **Blessure du crâne par « un coup d'eau »** (Wasser-schufverlutzung), lancé à l'aide d'une cartouche à blanc — Voulant se suicider, un soldat allemand charge son fusil, modèle 1888, avec une cartouche à blanc, puis il remplit le canon avec de l'eau et enfin il se tire le coup de feu dans la région frontale droite, juste au-dessus du sourcil. La peau et les parties molles présentent de vastes déchirures : la paroi cranienne subit là une dépres-sion osseuse notable, mais la dure-mère a résisté. La blessure évolua sans complication et la guérison fut complète. Tous les éléments qui avaient été déchirés ou frac-turés formèrent, autour de cet hiatus, une vaste sou-dure ostéoplastique, constituée par les téguments, le périoste et l'os des parois frontales. Aucun symptôme cérébral ne persista et cet homme, réformé, put reprendre son ancien métier de tisseur. |

# OBSERVATIONS INÉDITES

## ET PUBLIÉES IN-EXTENSO

---

### Année 1896.

1. — *Fracture du crâne par coup de feu à blanc. — Trépanation. — Guérison partielle. — Réforme n° 1 avec gratification renouvelable.* (Due à l'obligeance du médecin-major Decaux et du médecin-chef de l'hospice mixte de Saint-Mihiel.)

C..., soldat au 155ᵉ régiment d'infanterie, est blessé le 1ᵉʳ juin 1896, aux environs de Saint-Mihiel, *dans une manœuvre de nuit,* par un de ses camarades qui, par maladresse, *a tiré sur lui, à une distance assez rapprochée, un coup de fusil chargé à blanc.* Le blessé tombe sur le coup, mais reprend vite connaissance. La fausse balle avait traversé son képi. La plaie ne paraissait pas pénétrante et le blessé ne présentait aucun symptôme de compression cérébrale. Pansé, il fut évacué le lendemain sur l'hôpital de Saint-Mihiel, avec le diagnostic suivant : *Plaie contuse du cuir chevelu.*

Examen. — Homme vigoureux, de haute taille, sans antécédents héréditaires ni personnels. Il est atteint, au niveau et un peu en arrière de la bosse pariétale gauche, d'une plaie linéaire, à bords très contus, d'une longueur de 3 centimètres environ. Cette plaie commence à suppurer ; les bords sont gonflés et noirâtres. Il existe dans tous les sens un décollement de 1 centimètre. Le stylet pénètre dans la boîte cranienne, qui est elle-même manifestement lésée. Dissociation très prononcée de la température et du pouls, comme l'indique le graphique ci-joint, T = 38°2, P = 52.

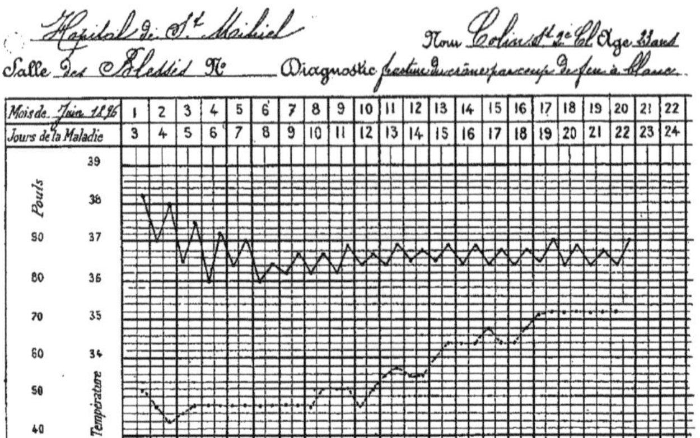

L'intelligence est nette mais paresseuse, la parole lente et un
peu embarrassée. Le malade ne peut se tenir assis sur son lit
qu'avec l'aide d'un infirmier. Le changement de position, pénible
pour le blessé, détermine des nausées.

Parésie très appréciable du membre supérieur droit, qui est le
siège de fourmillements. Léger strabisme convergent ; la vessie
est vide ; pas de selles depuis quarante-huit heures. On procède
à une antisepsie rigoureuse de la blessure. La nuit se passe sans
incidents : le malade est plongé dans un état semi-comateux per-
manent, il refuse tout aliment. Le pouls est toujours très lent,
T = 37, P = 48. Les symptômes généraux et fonctionnels
observés la veille sont encore plus prononcés ; *l'intervention est
décidée* : pas de chloroforme, la sensibilité générale étant très
émoussée. La plaie existante est prolongée en haut et en bas,
puis une seconde incision perpendiculaire à la première, qui
permet de disséquer 4 lambeaux et met bien à nu la boîte cranienne. *On constate alors l'existence d'un enfoncement circulaire
à bords nets, du diamètre d'une pièce de 1 franc, sans fissure
apparente. La table externe est fracturée comminutivement et
les fragments, adhérents par leurs bords, forment un entonnoir.*

A l'aide du ciseau, il est procédé à l'agrandissement du foyer
de fracture et il est alors possible, avec une pince et un élévatoire, d'extraire les fragments de la table externe, ainsi que de
petits fragments de drap. La table interne, fracturée également
et déprimée, est aussi extraite. Les bords de la perte de substance,
explorée avec le doigt, sont abrasés et privés de toute saillie
osseuse ; la perte de substance mesure 23 millimètres de haut

sur 17 de large. Les méninges ont été éraillées par les fragments, elles sont noirâtres. Enfin, entre elles et la boîte cranienne, il existe un amas sanguin assez volumineux. Une hémorragie en nappe, provenant des veines du diploë et du fond de la plaie, ne peut être arrêtée que par le tamponnement avec des boulettes imbibées d'alcool, placées dans la cheminée osseuse et maintenues par de la gaze iodoformée et une épaisse couche de ouate. Dès le soir de l'opération, l'état du blessé semble meilleur, l'intelligence est plus nette et l'état comateux moins accentué.

Le blessé est examiné le surlendemain. Le tamponnement est retiré à l'exception des boulettes qui comblent la plaie osseuse ; on place un point de suture sur chacune des sections horizontale et inférieure, en laissant l'incision ouverte.

A partir de ce moment, l'état du blessé s'améliore rapidement : les fourmillements et la parésie du bras disparaissent, la force revient dans le membre, le strabisme persiste cependant, *ainsi que la lenteur du pouls*. Quelques jours après, tous les accidents ont disparu : le malade se lève et son état est des plus satisfaisants. Un nouveau pansement est appliqué et permet de constater que la réparation marche rapidement.

Le blessé quitte l'hôpital le 2 août ; la réunion est complète. La cicatrice linéaire, un peu déprimée au point de réunion des quatre lambeaux, est solide. La pression ne détermine aucune douleur. La perte de substance osseuse est remplie par du tissu fibreux très résistant.

Guérison. — *Réforme n° 1, avec gratification renouvelable.*


2. — *Blessure de la main droite et de l'épaule par coup de feu à blanc. — Guérison.* (Due à l'obligeance du médecin-major Liron.)

Le 23° bataillon de Chasseurs rentrait à Grasse, après une manœuvre de garnison. En route, le chasseur B... marchait tenant son arme à la bretelle, très penchée en arrière, tout en la maintenant par le pontet avec sa main droite.

Mais le canon de son fusil venant à gêner les hommes qui suivaient, un de ses camarades saisit de sa main droite l'extrémité du canon du fusil pour le relever.

Ce redressement brusque de l'arme amena le chasseur B... à presser davantage sur le pontet et accidentellement sur la détente.

*Un coup de feu partit : l'arme était malheureusement chargée d'une cartouche à blanc oubliée par mégarde.*

La fausse balle abrasa une partie des muscles thénar du premier espace intermétacarpien et vint contusionner violemment l'épaule droite à travers les vêtements.

Au niveau de la tête humérale, il existait une plaie contuse ecchymotique, circulaire, large de trois travers de doigt. Si la contusion n'a pas été plus violente, c'est que le choc avait été amorti par la bretelle de suspension des cartouchières et par les vêtements. — Soigneusement pansée, cette plaie contuse guérit lentement, sans complications.

Quant à la plaie de la main, c'était une plaie en séton, irrégulière, déchiquetée, brûlée par la déflagration de la poudre, sans hémorragie importante.

Il y avait là une perte musculaire, au niveau des muscles thénar, qui fut longue à se combler ; mais la guérison survint lentement et sans complications fâcheuses.

3. — *Blessure du bras droit au niveau du deltoïde par coup de feu à blanc, sans fausse balle. — Réforme n° 1 avec pension de retraite.* (Due à l'obligeance du médecin-principal Troussaint.)

B..., soldat au 106<sup>e</sup> régiment d'infanterie, *reçoit un coup de feu à blanc, tiré presque à bout portant au niveau du bras droit,* à Châlons-sur-Marne, le 29 mai 1896. *Le projectile en carton avait été préalablement enlevé de la cartouche, où il ne restait plus que la poudre.* B..., a été atteint, au niveau de la partie moyenne du deltoïde droit, d'une profonde échancrure, dont les bords étaient contus et brûlés. Des désordres profonds faisaient suite à la plaie extérieure ; la blessure occupait toute l'épaisseur du membre, sans lésion de l'humérus. Les muscles déchirés étaient remplis de grains de poudre. L'artère humérale profonde et les veines satellites étaient sectionnées, ainsi que les veines de la partie interne de l'avant-bras. Le nerf radial n'était pas rupturé, mais il présentait des traces de contusion : la sensibilité était pourtant conservée.

Une hémorragie abondante fut la conséquence immédiate de cette blessure. A l'hôpital, débridement étendu, afin de saisir les vaisseaux sectionnés et d'arrêter l'hémorragie ; pansement antiseptique, drainage.

En résumé, c'est là une blessure grave tant en raison de l'hé-

morragie, que des délabrements musculaires. Le pronostic doit
être réservé, à cause des complications possibles, de l'atrophie
musculaire et de la gêne fonctionnelle qui peuvent survenir. La
restauration et la cicatrisation se firent lentement.

Les conséquences ultérieures furent une impotence fonctionnelle du membre très marquée et des troubles trophiques,
qui nécessitèrent *la réforme n° 1, avec pension de retraite.*


4. — *Coup de feu à blanc : fracture du maxillaire inférieur au
niveau de la ligne médiane; destruction de la voûte palatine,
brûlure de la langue et de la bouche. — Tentative de suicide. —
Guérison.* — (Due à l'obligeance du médecin-major Cavalier.)


V..., cavalier au 12ᵉ régiment de chasseurs à cheval, deux ans
de service; profession antérieure : maréchal-ferrant.

Cet homme se trouvait sous le coup d'une punition grave, ayant
par deux fois essayé de gagner la frontière ; il tente de se suicider le 25 août 1896, au cours des manœuvres de cavalerie,
pendant que le régiment était cantonné à Chambley (Meurthe-et-
Moselle).

Au moment où V... allait être conduit au poste de police, il
*met rapidement une cartouche à blanc dans sa carabine et se
tire un coup de feu dans la bouche.*

Coma immédiat : hémorragie abondante. Etat grave, désespéré,
la fracture de la voûte palatine, complètement détruite, semble
n'avoir fait que précéder une fracture probable de la base du
crâne, car il y a hémorragie par les deux oreilles ; les pupilles
sont dilatées et ne réagissent pas à la lumière. Insensibilité
générale. Coma absolu, — respiration stertoreuse, — les bruits du
cœur paraissent lointains, — le pouls est faible, dichrote. Après
nettoyage de la bouche à l'eau froide, légèrement acidulée, un
bandage est appliqué pour contenir la fracture du maxillaire
inférieur. L'hémorragie paraît s'arrêter avec l'œdème presque
immédiat de tous les tissus ébranlés par le choc : *immobilité
absolue pendant trois jours.* Le blessé n'a pris que du thé alcoo-
lisé, quoique la déglutition fut possible.

Le 28 au matin, le blessé sort enfin de sa stupeur, et, redou-
tant une hémorragie secondaire, il est évacué sur l'hôpital Saint-
Mihiel, distant de 28 kilomètres.

Le lendemain, M. le médecin-chef Lecomte imagine, pour
s'opposer à l'hémorragie secondaire, inévitable avec l'affaisse-
ment des tissus, un appareil formé d'une pièce de fer-blanc per-

cée de deux petits trous, par lesquels passe une forte ficelle, dont chacun des bouts sort par une narine. Cette plaque ovalaire supporte le pansement de gaze et d'ouate et permet la compression.

Au début, forte odeur d'ozène, mais la restauration se produit lentement et le blessé guérit sans complication.

Le 9 octobre, il est évacué sur l'hôpital de Nancy, en vue de la confection d'un appareil prothétique.

Le 19 février 1897, le chasseur V... est *réformé n° 2*.

### Année 1897.

5. — *Tétanos aigu, mortel, consécutif à une blessure très superficielle de la face, produite par un coup de feu à blanc. (Due à l'obligeance de M. le médecin-major Dalphin.)*

Le 23 juin 1897, le nommé M... ben Salah, au 3° régiment de tirailleurs indigènes, à Bougie, se présente à la visite *pour un coup de feu superficiel de la face, par cartouche à blanc*, accident survenu dans une manœuvre à double action, qui avait eu lieu le 16 juin.

On constate chez cet homme un resserrement énergique des mâchoires, du trismus et des contractures douloureuses de la nuque, qui éveillent l'idée de tétanos au début. Le traumatisme, reçu le 16 juin, s'est limité à une éraflure de la peau, de forme à peu près ronde, de 5 millimètres de diamètre, située près de l'angle interne de l'œil gauche, et à quelques incrustations de poudre dans l'épaisseur de la joue.

D'urgence, il fut transporté à l'hôpital, et le malade succomba dans la nuit du 23 au 24, à trois heures et demie du matin, au milieu d'un spasme tétanique généralisé, qui avait été précédé de plusieurs paroxysmes analogues, séparés les uns des autres par des accalmies ou rémissions momentanées.

TRAITEMENT. — Injections de morphine et lavement de chloral (6 grammes); bain chaud. — T. = 37°5 — P. = 80.

Un léger desserrement des mâchoires se produisit dans la journée; à dix heures du soir T. = 38°5 — P. = 110. Au moment de la mort même température. L'intelligence du malade resta intacte jusqu'à la fin.

Le sérum anti-tétanique demandé n'a pu être utilisé.

En résumé, cet homme a succombé à une attaque de tétanos

suraigu. Cette atteinte de tétanos doit certainement être rattachée au coup de feu, reçu quelques jours avant, durant un exercice, (cartouche à blanc tirée à 3 ou 4 mètres) ; *mais nous tenons à insister sur le peu de gravité du traumatisme, qui vient de lui donner naissance,* particularité d'ailleurs connue dans l'évolution du tétanos.

A ce propos, ajoute Dalphin, ne savons-nous pas qu'un certain nombre de cas de tétanos se sont montrés, au Tonkin et à Madagascar, chez des malades auxquels on avait simplement pratiqué des injections sous-cutanées de quinine. Dans les pays intertropicaux, si le tétanos est fonction du bacille de Nicolaïer, sa virulence est singulièrement exaltée par l'influence de ces climats ou par son association avec l'hématozoaire.

AUTOPSIE. — HOMME VIGOUREUX. — Les lésions macroscopiques constatées sont les lésions banales, qui caractérisent les morts rapides et violentes.

THORAX. — Poids des poumons 800 grammes, — surnagent dans l'eau, — quelques taches ecchymotiques sous-pleurales, en rapport, comme on le sait, avec la violence et la rapidité de la mort. Or, cet homme a succombé dans un paroxysme asphyxique, précédé de plusieurs paroxysmes prémonitoires semblables. Ces taches ecchymotiques varient de la dimension d'une tête d'épingle, à celle d'une pièce de cinquante centimes. Pas de tubercules ; à la coupe spumes sanguinolentes ; ecchymoses sous-péricardiques, larges comme des lentilles.

CŒUR : 330 grammes ; quelques caillots sanguins.

FOIE : 1400 grammes ; RATE 260 grammes.

REINS : 400 grammes. — Les pyramides tranchent sur la substance corticale par une teinte bleuâtre asphyxique.

CRANE. — Aucune altération, sauf une certaine stase veineuse du lacis vasculaire de la pie-mère, plus prononcée au niveau de l'hémisphère gauche, dans la partie correspondant au sillon de Rolando. On trouve des corpuscules de Pacchioni nombreux au niveau de la grande scissure inter-hémisphérique et le long du tissu longitudinal supérieur. Les hémisphères cérébraux ne sont le siège d'aucun foyer hémorragique, d'aucun ramollissement. Le canal médullaire est ouvert.

Rien d'anormal, ni comme consistance, ni comme vascularisation.

6. — *Fractures multiples des os de la face et du crâne par coup
de feu à blanc, reçu dans l'œil gauche. — Mort instantanée.*
(Due à l'obligeance du médecin-major Baratte.)

Le 15 septembre 1897, vers dix heures du matin, étant en
colonne par le flanc et à genoux, contre la lisière d'un bois, près
de Charmes, le caporal P... du 12⁰ bataillon de chasseurs à
pied, *plaça son œil gauche en regard de la bouche du fusil d'un
chasseur voisin.* Au commandement « debout », il y eut un mouvement de l'arme et la détente est partie faisant éclater une cartouche à blanc, qui se trouvait dans le canon. La charge fit balle
et tua sur le coup le malheureux caporal. Le chasseur, auteur
involontaire de cette mort, rentrait de patrouille, et c'est par
mégarde qu'une cartouche à blanc était restée dans son fusil.

P... tomba comme une masse, l'œil gauche expulsé de l'orbite,
d'où s'échappait du sang et de la matière cérébrale.

La mort fut instantanée.

L'autopsie n'a pu être faite, mais il était facile de constater les
lésions suivantes :

La cavité orbitaire est remplacée par une vaste plaie d'une
longueur de 6 centimètres sur une hauteur de 5 centimètres. Le
doigt pénètre par cette plaie dans la substance cérébrale réduite
en bouillie. *On ne trouve là aucune parcelle de la fausse balle
en carton.* Le maxillaire supérieur gauche, l'os malaire, le frontal, le temporal et l'occipital du même côté sont broyés et fracturés en plusieurs endroits. L'os frontal droit et l'os temporal du
même côté sont aussi fracturés.

La balle a produit son effet par éclatement et la poudre y a
coopéré par la dilatation des gaz.

Tout l'effet s'est produit dans la boîte cranienne ; il n'a pas été
observé d'orifice de sortie.


7. — *Plaie pénétrante du thorax à droite par coup de feu à blanc,
au cours d'une rixe. — Mort instantanée.* (Due à l'obligeance
des médecins-majors Demard et Février.)

Le caporal P..., du 109⁰ régiment d'infanterie, durant une manœuvre de garnison, aux environs de Chaumont, avait été chargé
de conduire une patrouille.

Ayant aperçu un soldat du 21⁰ régiment d'infanterie, il va à sa
rencontre, l'aborde et le prend à bras le corps, pour s'amuser.

Le caporal et l'homme tombent sur le sol. *Dans la chute, un coup de feu à blanc part et atteint le caporal P... au côté droit.*

Les hommes accourent et le trouvent raide mort ; les spectateurs disent que le fusil touchait la capote.

AUTOPSIE. — L'autopsie pratiquée par le médecin-major Février a permis de faire les constatations suivantes :

Orifice d'entrée sur la partie latérale droite du thorax, au-dessous de l'aisselle, dans le 6° espace intercostal. Pas de fracture de côte.

Perforation de la partie moyenne du poumon droit, au niveau du hile ; épanchement de sang considérable dans la plèvre.

Perforation du ventricule droit du cœur, au niveau de la valvule tricuspide et sur sa face externe droite.

L'effet de la charge ne s'est pas fait sentir plus loin.

Il existe un épanchement moyen de sang dans le péricarde, qui s'est d'ailleurs vidé en partie dans la plèvre.

En résumé, le trajet de ce coup de feu par cartouche à blanc est resté une ligne transversale de droite à gauche, légèrement inclinée en avant, à mesure qu'elle se rapprochait du côté gauche.

La mort a été instantanée et a été bien produite par une cartouche à blanc.


8. — *Blessure grave de la face et des yeux, par coup de feu à blanc, tiré à 50 centimètres environ. Perte totale de la vue. — Réforme n° 1 avec pension de retraite (1ʳᵉ classe). —* (Observation personnelle inédite.)


Le 30 décembre 1897, au cours d'une manœuvre à double action, aux environs d'Oran, le soldat L... du 2° régiment de zouaves, *reçoit presqu'à bout portant (environ 0ᵐ,50), un coup de feu à blanc, qui l'atteint à la face, dans la région fronto-temporale gauche.*

Au moment de l'accident, le blessé a vu et senti une flamme rouge lécher et brûler ses yeux, qui lui semblent *cuits,* selon son expression. Malgré la douleur et le choc, il n'est pas tombé à terre.

Immédiatement conduit à l'hôpital, voici les lésions que nous avons constatées avec M. le médecin-major Bassompierre, notre chef de service.

La région fronto-péri-orbitaire gauche est tuméfiée et incrustée de nombreux grains de poudre incomplètement comburés (poudre noire du fusil Gras).

Au moment de la déflagration, L... a instinctivement froncé les sourcils et fermé les paupières, afin de préserver ses yeux. — « Vous savez, dit Brouardel, qu'il n'est possible d'exécuter ce mouvement, qu'en plissant la peau du visage. » Aussi la partie supérieure de ces plis a été flambée, les intervalles sont restés blancs, et le visage de L..., comme celui de la jeune fille de Brouardel, « avait l'air d'un soleil de sacristie ».

Au front, on voit au-dessus de l'œil gauche, une petite plaie contuse à bords noirâtres, déchiquetés, brûlés : l'os n'a pas été mis à nu.

Les cils, les sourcils et quelques cheveux de la tête sont brûlés.

Les paupières supérieures fortement œdématiées, sont péniblement entr'ouvertes, à cause de la contracture des orbiculaires et de la photophobie.

La chaleur locale est vive, mais les phénomènes généraux (commotion cérébrale) ne sont pas très accentués.

EXAMEN. — *Œil gauche.* — Perforation centrale de la chambre antérieure ; — nombreuses incrustations de grains de poudre dans la cornée et la conjonctive bulbaire ; — chémosis péri-cornéen très prononcé ; — forte congestion kérato-conjonctivale ; — larmoiement ; — photophobie intense ; — douleurs ciliaires vives ; — vision abolie.

L'examen méthodique des divers milieux de l'œil n'a pu être fait, à cause de la douleur.

*Œil droit.* — Pas de perforation ; nombreuses incrustations de poudre ; — les phénomènes congestifs sont moins prononcés qu'à gauche ; — vision floue, non abolie ; — pronostic réservé.

TRAITEMENT. — Ablation des grains de poudre incrustés. — Pansements humides. — L'inflammation et les douleurs s'améliorent rapidement, grâce au traitement, mais la vision est toujours aussi compromise.

*Dans l'œil gauche*, tout autour de cette perforation centrale, les lamelles de la cornée s'infiltrent d'éléments embryonnaires, l'iris s'enclave dans la cicatrice, le cristallin s'opacifie et, à la longue, tous ces éléments se soudent entre eux, en une cicatrice définitive non saillante, et forment là un vaste leucôme, que les rayons lumineux ne peuvent plus traverser.

*Dans l'œil droit*, l'iris contracte des adhérences avec la cristalloïde antérieure et la membrane de Descemet ; aussi la pupille est toute déformée à cause des synéchies. Le cristallin est frappé de cataracte traumatique et la cornée, quoique devenue plus transparente, contient de nombreuses incrustations noires, entourées de petits cercles sclérosés.

De cet œil, la lumière est soupçonnée, mais le relief des objets n'est nullement perçu.

Quatre mois après, cet homme est *réformé n° 1 avec une pension de retraite (1re classe).*

Voici le libellé du certificat de vérification : « L... est atteint de perte irrémédiable de la vue due à une cataracte traumatique double, avec leucômes de la cornée et irido-cyclite chronique, lésions consécutives à un coup de feu à blanc tiré à bout portant, ayant occasionné un tatouage de la face et une incrustation de grains de poudre sur les cornées et la face antérieure du cristallin. La cécité est absolue à gauche et, à droite, la lumière n'est perçue que très faiblement. Le blessé distingue à peine le jour de la nuit. »

9. — *Plaie perforante de la région cardiaque par coup de feu à blanc. — Suicide. — Autopsie.* — (Due à l'obligeance du médecin-major Auguin et du médecin-chef de l'hôpital de Saint-Mihiel.)

R... cavalier au 20e chasseurs à cheval, à Sampigny, se suicide à 8 heures du soir, le 10 octobre 1897, dans la cour du quartier. *La carabine, modèle 1890, est appliquée presque horizontalement et à bout portant contre la région du cœur.*

Mort au bout de 10 minutes environ, avec signes d'hémorragie interne et asphyxie.

Des cartouches à blanc ont été trouvées, l'une dans l'arme, l'autre dans la poche du suicidé.

Le cadavre est transporté le lendemain à l'hôpital de Saint-Mihiel, où l'autopsie fut faite.

AUTOPSIE. —Le corps est celui d'un homme vigoureux, en pleine rigidité cadavérique. — Sur la partie antéro-latérale gauche du thorax, une plaie triangulaire à base inférieure et à sommet aigu supérieur. L'angle interne de cette plaie est à 2 cent. 5 en dehors et en dessus du mamelon. — Bords nets, comme résultant d'une section par instrument tranchant, sauf au milieu de ces bords où se distingue un léger tatouage. — Le bord interne (4 cent.) et la base (3 cent.) sont rectilignes, le côté externe (5 cent. 5) est courbe. Les angles supérieur et interne sont occupés par des bourrelets graisseux infiltrés de sang. A travers les lèvres de cette plaie, on aperçoit une cavité hémorragique assez profonde.

Outre cette plaie, on distingue deux petits orifices sur la partie la plus externe du thorax. Le premier se trouve à 6 centimètres en dehors de l'angle externe de la grande plaie, il a exactement le diamètre de la sonde cannelée qui, introduite, ressort par la grande plaie. — Le second, qui a la forme d'un trait horizontal, se trouve à 1 centimètre et demi au-dessus du précédent ; il mesure 2 centimètres et communique également avec la grande plaie. Enfin, sur la face interne du bras, en face de ces deux orifices, se trouve une ecchymose, large comme une pièce de 5 francs, s'étendant un peu vers la face externe du bras.

La masse musculaire du grand pectoral est complètement broyée et infiltrée de sang.

Fracture des 3°, 4°, 5°, et 6° côtes : les 5° et 6° sont réduites, au niveau de la fracture, en fragments très petits.

Cœur et péricarde intacts.

Les gros vaisseaux de la base du cœur sont également indemnes.

Eclatement de la partie moyenne du poumon gauche, réduite en une masse hémorragique, analogue à de la pulpe splénique ; le poumon est adhérent au diaphragme.

Epanchement sanguin considérable dans la plèvre.

Les rapports du cœur par rapport au thorax sont altérés. Il se trouve déplacé vers la droite, la pointe se trouvant sous le sternum.

*Pas de traces du faux projectile.*

Cet homme est mort par suite de l'hémorragie abondante résultant de la plaie pulmonaire, qui a été trouvée à l'autopsie.

### Année 1898.

10. — *Plaie pénétrante de l'abdomen par coup de feu à blanc, avec rupture de l'estomac et lésion du foie. — Mort. —* (Due à l'obligeance de M. le médecin-principal Jeanmaire, en retraite.)

C...cavalier au 11° régiment de hussards, est apporté à l'hôpital de Belfort, le 15 décembre 1898, à 10 heures du matin. Il a reçu, vers 9 heures et demie, par la maladresse d'un brigadier, *un coup de feu à bout portant d'une carabine chargée d'une cartouche à blanc : c'est la région épigastrique qui a été touchée.*

*Cet accident est survenu au cours d'une démonstration du mécanisme à répétition dans la chambrée : une cartouche à blanc avait été oubliée par mégarde dans le mousqueton.*

A son entrée à l'hôpital, le blessé est dans un état de prostration profonde : visage pâle ; le malade a sa connaissance, mais il ne répond pas aux questions qu'on lui adresse. Le pouls est cependant assez plein et régulier. On a fait une injection d'éther à la caserne.

Dans la région épigastrique et sur la ligne médiane, on voit une plaie contuse de 3 centimètres de longueur environ, par laquelle font hernie de l'intestin, un peu d'épiploon et un lambeau rougeâtre, organe qui paraît être le foie.

Un pansement antiseptique, maintenu par un bandage de corps serré, a été appliqué par le médecin du régiment. Après un coup d'œil jeté sur la blessure, on réapplique le pansement et on prépare tout pour une laparotomie.

Le blessé a eu à la caserne un vomissement contenant du sang. A l'hôpital, nouveau vomissement de matières noires, teintées de sang.

L'opération est commencée à 2 heures (environ 5 heures après l'accident). Après antisepsie rigoureuse du champ opératoire, on fait une incision qui, partant de l'appendice xyphoïde, atteint l'ombilic en passant par la plaie.

Le tissu cellulaire sous-cutané, les muscles droits sont déchirés et teints en gris par la poudre.

Le péritoine étant ouvert dans toute l'étendue de l'incision, on voit à la partie inférieure le côlon transverse qui paraît intact, mais au-dessus s'ouvre largement une cavité doublée d'une muqueuse d'un rouge vif. *C'est l'estomac qui semble avoir éclaté sous le choc du coup de feu.* La partie herniée qu'on croyait être un débris de foie est un lambeau de cet organe. De cette cavité et des profondeurs de l'abdomen s'écoule par la pression un liquide noirâtre renfermant quelques grumeaux.

Les lambeaux de l'estomac sont rapprochés et réunis par quelques points de suture de Lembert à la soie antiseptique. Mais on reconnaît bientôt qu'il est impossible d'atteindre la partie supérieure de la déchirure stomacale, qui disparaît sous les côtes.

On se décide à refermer le ventre, ce qui ne se fait pas sans de grandes difficultés, à cause de la sortie continuelle des anses intestinales, malgré qu'elles soient maintenues et refoulées par des compresses chaudes.

L'intestin grêle présente déjà une teinte d'un rouge vif, indice d'une péritonite commençante.

L'opération a duré 1 heure et demie. Le blessé est reporté dans son lit, réchauffé ; on lui fait d'abord une injection d'éther, puis,

plus tard, une injection de 2 centigrammes de morphine. Jusqu'à
6 heures du soir, il paraît reposer ; ensuite il s'éveille et se plaint
surtout de la soif. On lui fait sucer un peu de glace. Peu à peu il
s'affaiblit et s'éteint doucement après une agonie de moins de
10 minutes ; la température, prise un instant avant la mort, était de
37°,5.

Autopsie faite 20 heures après la mort.

Le cadavre est celui d'un homme vigoureux et bien musclé.

*Abdomen.* — Les anses intestinales sont d'un rouge vif et présentent entre elles de nombreuses adhérences faciles à déchirer.
Le ventre est rempli d'un liquide noirâtre teint de sang, dans
lequel nagent de petits grumeaux noirs, d'une odeur fécaloïde.

L'estomac est attiré au dehors, après avoir lié l'œsophage et le
duodénum. Sa face antérieure est le siège d'une large déchirure
qui, commençant à trois travers de doigt du cardia, se dirige obliquement vers le pylore, au voisinage duquel elle se termine.

De cette plaie, longue de près de dix centimètre, partent d'autres
déchirures, qui forment un lambeau triangulaire à base interne,
lequel constituait une partie de la hernie. Sauf à l'extrémité de ce
lambeau, qui est un peu déchiqueté, la déchirure de l'estomac présente des bords assez nets. La grande courbure de ce viscère est
intacte, mais elle est le siège d'un épanchement sanguin sous-
péritonéal. On remarque encore plusieurs ecchymoses, les unes
aux environs du cardia, les autres à la partie postérieure.

L'estomac étant ouvert, on voit sur la paroi postérieure, vis-à-
vis de la déchirure de la face antérieure, une surface elliptique
de 4 centimètres de long sur 2 cent. 5 de large, dans laquelle la
muqueuse et une partie de la tunique musculaire ont disparu. Il
n'y a pas de perforation, bien qu'en certains points, la paroi soit
réduite à la séreuse.

La muqueuse stomacale est rouge, mais elle présente une coloration beaucoup moins vive que pendant la vie. Les sutures faites
la veille n'atteignent pas le quart de la déchirure ; elles ont simplement fixé le lambeau triangulaire hernié aux parties voisines.

Le foie présente, sur le bord antérieur de son globe gauche, trois
déchirures de 2 à 3 centimètres de long affectant une forme ra-
diée. A la coupe, on constate que le tissu hépatique a été fortement contusionné en ce point : il se déchire facilement et son
parenchyme est le siège d'ecchymoses.

La vésicule et les voies biliaires sont intactes.

Rien à signaler dans la rate, ni dans les reins. Les poumons sont
assez fortement congestionnés. Pas d'adhérences pleurales.

Le cœur est assez volumineux et graisseux. Les ventricules contiennent des caillots rouges et mous. Pas de liquide dans le péricarde.

Le crâne n'a pas été ouvert.

*On a inutilement cherché des débris de carton dans l'abdomen. L'éclatement de l'estomac et les déchirures du lobe gauche du foie semblent dûs a la force d'expansion des gaz résultant de la déflagration de la poudre.*

11. — *Plaie pénétrante de l'abdomen par coup de feu à blanc. — Pas de lésion intestinale. — Expectation. — Abcès hépatique. — Guérison.* (Due à l'obligeance de notre ancien camarade Jourdin.)

Le 17 août 1898, dans une manœuvre de garnison, aux environs de Saint-Quentin, *un cycliste reçoit dans l'abdomen un coup de feu à blanc (carabine Lebel m^le 1890).* Le canon de l'arme se trouvait à une dizaine de centimètres, suivant une direction légèrement oblique.

Les vêtements montrent une déchirure presque nette, sans perte de substance. Le blessé présente sur la ligne blanche, à 8 centimètres au-dessus de l'ombilic, une plaie ovalaire de la dimension d'une pièce de 5 francs, à trajet oblique de droite à gauche, et intéressant toute l'épaisseur des parois abdominales, y compris le péritoine. *On constate au fond de la plaie la présence d'une anse intestinale.* L'hémorragie est peu considérable.

Pansé, le blessé est transporté d'urgence à l'hospice mixte de Saint-Quentin.

Là, l'hémorragie s'est arrêtée et on retire de la plaie quelques débris vestimentaires, *mais pas de parcelles de fausse balle.*

L'intestin ne semble pas atteint et la question de laparotomie exploratrice, agitée et discutée, est définitivement repoussée.

Pansement occlusif ; — diète stricte pendant sept jours ; — potion à l'extrait thébaïque ; — injection de morphine.

Douleurs violentes dans l'abdomen jusqu'au 22 août.

Le 2 septembre, *ouverture d'un abcès hépatique* à pus caractéristique, légèrement bilieux, sans avoir provoqué de fièvre.

En somme, l'ébranlement du foie avait été suivi d'un abcès : Après l'évacuation du pus, la guérison fut prompte et se termina au bout de cinquante-trois jours d'hospitalisation.

12. — *Plaie pénétrante de l'abdomen par double coup de feu à blanc. — Suicide. — Mort instantanée.* (Due à l'obligeance de notre ancien camarade Jourdin.)

Le 13 mars 1898, un sous-officier du 87e régiment d'infanterie s'est donné la mort, *en se tirant dans la région du foie les deux coups simultanés de deux fusils chargés de cartouches à blanc.* Pour ce faire, il avait placé les deux fusils horizontalement sur un banc, en ayant soin de réunir l'extrémité de leurs canons. Puis, s'étant placé en face, probablement à genoux, le malheureux fit partir cette double détonation.

Le blessé était étendu sur le sol, en proie à de vives souffrances : face pâle, couverte de sueur, lèvres exsangues, traits tirés.

Localement, les vêtements déchirés par les camarades laissaient voir *une large plaie par laquelle sortait une anse intestinale grêle*, longue de 20 centimètres, que nous rentrons immédiatement.

Le blessé est retourné : pas d'orifice de sortie ; l'hypothèse de blessure par balle est rejetée.

Mort 10 minutes après.

Autopsie. — *Abdomen.* — A quatre travers de doigt environ au-dessus de l'ombilic, et à 2 centimètres à droite de la ligne médiane, une large plaie déchiquetée et contuse, ayant la forme d'un 8 renversé, à grand diamètre de 6 centimètres. Elle intéresse toute l'épaisseur de la paroi abdominale. Les bords sont noirâtres et légèrement parcheminés.

A l'ouverture de l'abdomen, on constate dans le bassin environ deux litres d'un sang noir et liquide. L'intestin, qui fut déroulé en entier, et l'estomac ne présentent pas de lésions. *Le foie est dilacéré dans sa partie centrale*, surtout au niveau de sa face inférieure. Son parenchyme est réduit en miettes et de grandes fissures intéressent le reste de l'organe.

*La veine cave inférieure présente une déchirure transversale.* Dans la plaie, on n'a trouvé aucun débris de vêtement, ni de fausse balle.

Le cœur et les gros vaisseaux sont vides.

Les poumons sont faiblement congestionnés sauf à la base.

« Dans ce cas, ajoute le rapporteur de la Statistique de l'Armée (année 1898), *la mort a été causée par une hémorragie rapide, déterminée par la déchirure de la veine cave et la rupture du foie, qui présentait les lésions d'un véritable éclatement. Ces désordres si étendus ont paru ne pas pouvoir être attribués aux projectiles de carton, dont il n'a été trouvé aucun débris et qui n'ont donné lieu à aucun orifice de sortie, mais plutôt à l'expansion et la détente des gaz de combustion de la poudre et de la colonne d'air du canon, violemment comprimée au moment de l'explosion. »*

13. — *Plaie pénétrante de la poitrine par coup de feu à blanc. — Tentative de suicide. — Guérison.* (Due à l'obligeance de notre ancien camarade Jourdin.)

Le 7 septembre 1898, un soldat du 87ᵉ régiment d'infanterie *ayant été puni, pendant les manœuvres, tente de se suicider avec une cartouche à fausse balle. L'extrémité du canon est placée dans la direction du cœur et la détente pressée avec le pied.*

On constate l'existence d'une plaie intéressant toute l'épaisseur de la paroi thoracique gauche, par l'ouverture de laquelle l'air entre et sort librement à chaque mouvement respiratoire.

Il est transporté d'urgence à l'hospice mixte de Soissons.

Le blessé présentait une plaie de 10 à 12 centimètres de long sur 6 à 7 de large, laissant apercevoir les 8ᵉ et 9ᵉ côtes : la 8ᵉ brisée en quatre ou cinq esquilles, la 9ᵉ complètement dénudée, sur une longueur de 4 centimètres. On a pu extraire sur le champ quelques petites esquilles libres.

A la suite, pneumonie traumatique et fièvre jusqu'au 17 septembre.

La plaie costale à son tour se mit à suppurer ; il s'écoulait du pus assez abondant, sanieux, renfermant des fragments sphacélés et quelques aiguilles osseuses. Le 20 octobre, ablation d'une esquille de 5 centimètres, au niveau de la 9ᵉ côte. Dès ce jour, la cicatrisation fut rapide et se termina vers la fin du mois de novembre.

Ce blessé partit en congé de convalescence de 3 mois, le 7 décembre 1898.

DÉDUCTIONS. — *Dans les deux premiers cas,* ajoute Jourdin, *on n'a trouvé aucun fragment de fausse balle et cependant la recherche en a été très minutieuse chez l'un, blessé abdominal, en vue d'une infection possible du péritoine et très aisée chez l'autre dont l'autopsie a été faite.*

Il faut donc supposer que la balle de carton durci du fusil Lebel et de la carabine mˡᵉ 1890 est réduite en poussière, pendant son trajet dans l'arme ou immédiatement après sa sortie, en vertu de la pression considérable que subissent de dedans en dehors les parois de ce projectile en carton.

Dans les cas de fausses balles particulièrement dures, si quelques débris persistent et sont retrouvés dans la blessure, c'est qu'ils y ont été entraînés par les gaz : en tout cas, leur action, comme corps vulnérant, doit être nulle ou bien faible.

*Le projectile, dans ces cas-là, doit être exclusivement gazeux et est dû à la projection de l'air contenu dans le canon, mais violemment chassé par les gaz de combustion de la poudre.*

Ce projectile-air, qui n'offre qu'un intérêt médiocre avec les armes de poche, comme l'a démontré Philouze, présente un plus grand intérêt avec les armes de guerre, *puisque les effets vulnérants de ces cartouches à blanc peuvent être dangereux à plus d'un mètre.*

Il semble, d'autre part, que *les parties molles et mobiles de l'organisme aient bien moins à souffrir que les parties résistantes. Le projectile gazeux différerait en cela du projectile métallique.* C'est ainsi que dans les observations 11 et 12, nous voyons les anses intestinales fuir devant le projectile gazeux, et dans l'observation 12, le poumon rester indemne, alors qu'on note des lésions du foie et de la veine cave inférieure, ainsi que des fractures de côte.

De plus, *les vêtements ne sont pas découpés comme à l'emporte-pièce et on ne trouve pas de « gâteau vestimentaire » dans ces plaies, mais bien quelques débris déchiquetés et en partie comburés.*

Enfin, ces trois blessures graves par coups de feu à blanc, observées dans un même régiment, en moins de deux ans, sont une preuve de la fréquence assez grande de ces accidents.

14. — *Plaie perforante de la main droite par coup de feu à blanc.*
(Due à l'obligeance du médecin-major Arnaud.)

H... soldat au 138ᵉ régiment d'infanterie, à Magnac-Laval, *reçoit un coup de feu à blanc, à la face palmaire de la main droite, au cours d'un exercice du service en campagne.*
Ce blessé est évacué sur l'hospice mixte de Limoges.
H... avait la main droite appuyée sur l'extrémité du canon, lorsqu'avec le pouce de la main gauche, croyant son fusil déchargé, il appuya sur la détente pour fermer complètement la culasse mobile à moitié abaissée : le coup partit et le faux projectile traversa la main, pénétrant par le centre de la *face palmaire où l'orifice d'entrée, à bords déchiquetés, présente à peine*

*les dimensions d'une pièce de 50 centimes et sortant par la face
dorsale où les dégâts sont considérables.*

En effet, toute la face dorsale est transformée en une large plaie
béante ; la peau déchirée, comme ayant éclaté sous l'action des
gaz de la poudre, est retractée sur les bords, sous forme de lambeaux irréguliers, déchirés.

Au fond de la plaie, les 2ᵉ, 3ᵉ et 4ᵉ métacarpiens ont disparu, le 5ᵉ
est fracturé et un fragment isolé en est retiré ; les tendons des extenseurs ont disparu, y compris celui du long extenseur du pouce.

Les fléchisseurs de la main semblent avoir été conservés
entièrement, une hémorragie abondante s'est produite et le trajet
de la fausse balle semble avoir intéressé la ligne de l'arcade palmaire superficielle.

La plaie nettoyée avec soin, largement irriguée, a pu être fermée complètement par la réunion aussi régulière que possible
des lambeaux cutanés.

Les résultats fonctionnels définitifs de ce traumatisme ont été
satisfaisants : après quelques esquillotomies et un séjour de
quatre mois à l'hôpital, le blessé a recouvré ou à peu près l'usage
de la main droite.

Les mouvements de flexion et d'extension des doigts sur la
main sont conservés en grande partie, ce qui déconcerte quand
on a vu la blessure au début.

Les mouvements indépendants et isolés des phalanges persistent intégralement. Les mouvements d'abduction et d'adduction
des doigts sont diminués de moitié.

L'articulation trapézo-métacarpienne est indemne, les mouvements intégralement conservés, l'extension, l'opposition, l'adduction du pouce ne diffèrent en rien de celles du pouce de la main
gauche.

La cicatrice de la face palmaire est étroite et régulière, celle
de la face dorsale est mince, rosée, légèrement parcheminée,
irrégulière.

La radiographie de cette main blessée nous montre les 1ᵉʳ et 5ᵉ
métacarpiens intacts. Quant aux 2ᵉ, 3ᵉ et 4ᵉ, on ne voit plus que
les deux têtes épiphysaires, les diaphyses ayant disparu. Ces deux
pôles se sont rapprochés et du tissu fibreux a remplacé le corps
de ces métacarpiens pulvérisés. (Voir cette radiographie, p. 198.)

Cette épreuve est intéressante, car elle montre comment ces
plaies, par la méthode conservatrice, peuvent arriver à une restauration convenable.

*H... fut réformé nº 1 avec une gratification renouvelable.*

## Année 1901.

15. — *Amputation du pouce gauche par coup de feu à blanc.* —
*Guérison.* (Due à l'obligeance du D^r Houdart, de Pontarlier.)

Le 13 juin 1901, un homme de notre régiment (23^e d'infanterie),
ayant entendu dire « *qu'en bouchant bien le fusil avec le pouce,
une balle ne part pas* », le soldat M... met une cartouche à blanc
dans le canon, place son pouce gauche sur la bouche du fusil et
fait partir le coup avec l'index de la main droite.

Cet homme n'a probablement pas eu l'intention de se mutiler, car
il est bien noté au régiment et est libérable dans quelques mois.

Mais ce sot exploit lui a coûté la perte de la première phalange
de son pouce gauche.

Ce doigt est sectionné comme par une amputation circulaire,
pratiquée dans l'articulation phalangienne. On aperçoit la surface articulaire brillante de la phalange supérieure avec deux ou
trois débris d'esquilles osseuses adhérentes aux ligaments laté-
raux arrachés. Tout autour une légère collerette de tissus à peine
noirâtres et peu altérés dépassait la tête articulaire. Pas d'hémorragie.

Le D^r Houdart résèque un débris de tendon, enlève quelques
fines esquilles, lave soigneusement la plaie et sans débrider, il
parvient à recouvrir le moignon articulaire, en rapprochant les
tissus avec quelques crins de Florence.

La plaie ne se réunit par première intention que dans la moitié
de son étendue : au bout de trois semaines, elle présente un
moignon assez irrégulier qui suppure.

Le D^r Leblanc fend alors le moignon et résèque une très petite
portion de la tête osseuse, nécrosée partiellement. Dès ce moment, la plaie se cicatrise promptement et le blessé sort guéri de
l'hôpital, le 14 septembre : il est libéré quelques jours après.

## Année 1902.

16. — *Blessure superficielle du pied gauche par coup de feu à
blanc.* (Due à l'obligeance du médecin-major Ohier.)

Le soldat G... du 67^e régiment d'infanterie, à Soissons, se tire
accidentellement, le 10 juillet 1902, *un coup de feu à blanc au
niveau du gros orteil gauche,* au cours d'une manœuvre.

A l'hôpital, on constate une plaie par arrachement produite sur le gros orteil par la poussée des gaz et les débris d'une fausse balle.

Cette plaie, située sur le côté externe du gros orteil, mesure 2 centimètres de long sur 1 de large et 5 à 6 millimètres de profondeur : elle intéresse la peau et le tissu cellulaire sous-cutané ; elle a la forme d'un sillon ovalaire à bords déchiquetés et noircis par la poudre ; le fond de la plaie est un peu anfractueux, noirâtre et brûlé par la poudre ; l'hémorragie peu abondante est facilement arrêtée par la compression.

Le 2⁰ orteil a été légèrement intéressé sur sa face interne ; l'épiderme est enlevé sur une surface large comme une pièce de 50 centimes.

En somme, s'il ne survient pas de complications (suppuration, tétanos, etc.) cette blessure superficielle sera promptement cicatrisée.

Le blessé est sorti guéri de l'hôpital le 29 juillet et a repris son service.


17.— *Plaie pénétrante de la main gauche par coup de feu à blanc, à bout touchant. — Amputation de l'annulaire et autoplastie de la plaie dorsale.* (Due à l'obligeance du médecin principal Richard.)

Le soldat R... du 42⁰ régiment d'infanterie, vingt-trois ans, — cultivateur, dix-huit mois de service —, entre à l'hôpital de Belfort, le 29 mai 1902, pour *plaie pénétrante de la main gauche par coup de feu à blanc.*

Pas d'antécédents morbides, ni héréditaires, ni personnels.

En nettoyant son fusil, qui était resté armé, R... a voulu le désarmer, ne sachant pas qu'il renfermait une cartouche à blanc. Tout en pressant sur le chien avec sa main droite, il a posé sur l'extrémité du canon sa main gauche, qui a été traversée par le projectile d'exercice.

Le blessé est immédiatement dirigé sur l'hôpital.

Là, on constate à la face palmaire de la main gauche, au niveau du 4⁰ métacarpien, vers la réunion du 1/4 antérieur de cet os et des 3/4 postérieurs, *une ouverture d'entrée petite de un centimètre environ de diamètre, à bords légèrement déchiquetés ; l'ouverture de sortie, située au point diamétralement opposé de la face dorsale, est beaucoup plus large, d'un diamètre de 3 à 4 centimètres, à bords profondément dilacérés. Le 4⁰ méta-*

carpien était fracturé et le tendon extenseur rompu ; deux ou trois petites esquilles sont retirées.

TRAITEMENT. — Bains de sublimé et pansements humides. La plaie se régularise peu à peu par l'élimination des parties sphacélées, et dans le courant du mois de juillet, l'orifice d'entrée est complètement cicatrisé, tandis que l'orifice de sortie se comble péniblement.

Nous nous trouvons à ce moment-là, ajoute M. Richard, en présence d'une *plaie ulcéreuse de la face dorsale de la main, située au centre d'une cicatrice rétractile, qui tend à rapprocher l'auriculaire et le médius et à brider le dos de la main, avec un doigt annulaire dont les tendons sont détruits* et qui, sans connexion osseuse avec le métacarpe, constitue un organe gênant et d'une inutilité absolue.

L'amputation de ce *doigt ballant* s'impose donc ; nous la pratiquons le 15 juillet. Mais, au lieu de faire l'ablation pure et simple de l'annulaire, *nous le décortiquons totalement, ce qui nous permet, avec la peau ainsi obtenue, d'autoplastier la plaie de la main, après avivement de son fond et résection de la cicatrice rétractée.*

En même temps que le doigt, fut enlevée la portion articulaire du métacarpien séparée du corps de l'os.

Le 22 juillet, enlèvement des fils ; réunion par première intention.

Le 29 juillet, suppression du pansement.

Le 5 août, on commence le massage et la mobilisation des jointures du médius et de l'auriculaire.

R... sort de l'hôpital le 25 août. Le lambeau a une vitalité parfaite et constitue une cicatrice solide, sans tendance à la rétraction. Il existe une légère dépression au niveau du trou d'entrée. Les mouvements du médius et de l'auriculaire ont repris une certaine amplitude.

Le blessé fut alors proposé pour un congé de *réforme n° 1 avec une pension de retraite.*

18. — *Coup de feu de l'avant-bras par cartouche à blanc. — Blessure accidentelle : éclatement de la région postérieure de l'avant-bras gauche. — Guérison avec conservation du membre, mais atrophie et gêne fonctionnelle marquée. Réforme n° 1 avec gratification renouvelable.* (Due à l'obligeance du médecin-aide-major Sylvestre.)

P... soldat au 51ᵉ régiment d'infanterie, entre à l'hôpital de

Beauvais, le 26 mai 1902, *pour plaies de l'avant-bras gauche par coup de feu à blanc.*

L'accident est survenu au cours d'une manœuvre à double action. Un homme introduit par mégarde le canon de son fusil dans la manche gauche de son camarade P..., entre la chemise et la peau. Le fusil, malheureusement, contenait une cartouche à blanc et le coup partit.

Pansé, le blessé est conduit d'urgence à l'hôpital.

L'absence de toute perforation, au niveau de la manche de la capote, confirme les assertions du blessé sur le dispositif qui a occasionné l'accident.

EXAMEN DE LA BLESSURE. — La face postéro-interne de l'avant-bras gauche est le siège d'une vaste blessure, formée de deux plaies longitudinales, profondes et contuses, dont l'une mesure 16 centimètres et l'autre 8 environ.

Pas de trou d'entrée, ni de trou de sortie du projectile : *il s'est produit un véritable éclatement de la région sous l'action de la déflagration des gaz et de la fausse balle; on n'a pas retrouvé de débris de carton.*

Les muscles de la région postérieure de l'avant-bras apparaissent dilacérés, en partie détachés de leurs insertions ; l'extenseur propre du petit doigt en particulier est complètement sectionné.

Pas de lésion artérielle ou nerveuse appréciable.

Pas de signes de fracture, mais le radius est dénudé, au niveau de son tiers moyen, sur l'espace de 2 centimètres environ.

A la face antérieure de l'avant-bras, il existe en outre une plaie cutanée, sans importance.

L'état général du blessé est aussi satisfaisant que possible.

A l'hôpital, nos camarades Dupuy et Jaffary désinfectent soigneusement la plaie, suturent les masses musculaires sectionnées et tentent la réunion par première intention.

*28 mai.* — Léger mouvement fébrile et douleur au niveau de la plaie ; on fait sauter quelques points de suture. Lavages antiseptiques (sublimé ; eau oxygénée). Pansement.

*Juin.* — Plus de fièvre. — La plaie entre en voie de cicatrisation. — Les pansements sont espacés de plus en plus, durant les mois de juin, juillet et août.

*15 septembre.* — Le bourgeonnement et l'épidermisation des tissus se sont très bien effectués, sauf au niveau du point du radius reconnu dénudé au premier examen. — Il persiste à ce niveau une suppuration légère mais tenace.

Après exploration à la sonde cannelée, une incision profonde conduit sur un sequestre osseux de 2 centimètres environ, qui est extrait. Dès lors, la cicatrisation se fait rapidement et ne tarde pas à être complète.

6 *novembre*. — Le blessé guéri quitte l'hôpital, après l'obtention d'un congé de *réforme n° 1, avec gratification renouvelable*, motivé par les conséquences de cette blessure, que voici :

« Cicatrice adhérente de la région postérieure de l'avant-bras gauche. — Les mouvements de flexion et d'extension des doigts de la main sont conservés, mais les mouvements de pronation et de supination restent difficiles. Il persiste une atrophie des muscles et un affaiblissement de la force musculaire de l'avant-bras, causant une diminution notable de la capacité de travail. »

Enfin, à propos de cette blessure, il convient de faire les remarques suivantes ayant trait :

1° A son mécanisme particulier. — La balle de carton entrée à la partie inférieure de la face postérieure de l'avant-bras, semble avoir éclaté dans les tissus, dilacérant de bas en haut la couche musculaire superficielle (à bout touchant, phénomènes explosifs).

2° A sa bénignité relative dûe à l'absence, dans la région atteinte, de troncs artériels ou nerveux importants.

3° A sa longue durée de cicatrisation dûe à la diminution de la vitalité des tissus, causée par leur dilacération primitive et ensuite par la nécrose d'un point périostique du radius.

19. — *Suicide par coup de feu à blanc — Eclatement du massif osseux de la face. — Méningo-encéphalite consécutive. — Survie de dix-huit jours. — Mort.* (Due à l'obligeance du médecin-aide-major Sylvestre.)

Le 30 mai 1902, au camp de Sissonne où le 120° régiment d'infanterie exécutait ses tirs de guerre, le sergent C..., sujet alcoolique, se tirait — dans une crise de repentir — *un coup de feu à blanc, le canon du fusil Lebel étant introduit dans la bouche et la gâchette manœuvrée avec le gros orteil du pied droit.*

Il se produisit un éclatement du massif osseux de la face et une hémorragie consécutive abondante, mais pas de perte de connaissance.

Le blessé fut trouvé assis par terre, la tête penchée en avant, dans l'attitude de quelqu'un qui saigne du nez.

Notre camarade Mariau fait aussitôt après les constatations suivantes :

Aspect extérieur : face déformée du côté gauche, bouffie, tuméfiée, mais sans lésion des téguments.

Exploration du foyer (*après stérilisation des mains et des instruments*.) La voûte palatine n'existe plus à gauche ; elle est remplacée par un orifice irrégulier, déchiqueté, saignant, noir de poudre et conduisant dans une cavité anfractueuse, qui occupe le siège primitif du maxillaire supérieur.

Le massif osseux est fracassé, les fragments crépitent comme des coquilles de noix. Le doigt atteint le globe de l'œil à travers le plancher déformé de l'orbite ; des fissures s'irradient vers le frontal et vers la base du crâne.

Pas d'écoulement appréciable de liquide céphalo-rachidien.

Le nettoyage de la cavité est pratiqué : ablation de débris de bourre, de caillots et de quelques fragments osseux, qui pendent au fond de cette vaste anfractuosité. — Ecouvillonnage à l'eau oxygénée ; un tamponnement aseptique arrête l'hémorragie.

Le blessé est dirigé d'urgence sur l'hôpital de Laon. Pronostic fatal, en raison des lésions de la base du crâne. En effet, la méningo-encéphalite se déclarait quelques jours après son entrée à l'hôpital et emportait le blessé, qui mourut le 17 juin 1902.

Rapport d'autopsie (*dû à l'obligeance du médecin-major Jette*) concernant le sergent C... du 120ᵉ régiment d'infanterie, décédé le 17 juin 1902, à l'hospice mixte de Laon, des suites d'une fracture comminutive des os du crâne et de la face par coup de feu à blanc, tiré de bas en haut dans la bouche (*suicide*). *Survie de dix-huit jours.*

Le coup de feu a brisé la voûte palatine du côté gauche et la base de l'orbite, dont on ne trouve plus trace que sous forme de fragments très petits, mélangés à des caillots sanguins et aux muscles infiltrés. On constate un certain nombre de fractures, qui ont déterminé 6 fragments principaux :

| | | |
|---|---|---|
| Maxillaire supérieur gauche | 3 | fragments. |
| Os malaire | 1 | — |
| Branche montante du malaire et apophyse orbitaire externe du frontal | 1 | — |
| Os propre du nez gauche et une partie de l'aphophyse orbitaire interne du frontal | 1 | — |

Le maxillaire supérieur avec le palatin gauche a été séparé de son homologue droit par un trait de fracture vertical ; ses attaches supérieures ont été également rompues, les minces parois des sinus ont éclaté en de très fins fragments, ainsi que les apophyses ptérygoïdiennes du sphénoïde ; le sinus sphénoïdal est effondré.

Le bloc osseux est en trois fragments : l'interne comprenant le corps de l'os et sa branche montante est le plus gros ; le moyen comprenant une partie minime du corps de l'os et une bonne partie du rebord alvéolaire correspondant à la canine et aux deux prémolaires, tandis que le bord alvéolaire correspondant aux deux incisives appartient au premier fragment.

Enfin, le troisième comprend la partie postérieure et externe du rebord alvéolaire avec les grosses molaires, auxquelles se trouvent rattachées une partie de la voûte palatine et une légère partie des apophyses ptérygoïdiennes du sphénoïde. Ce fragment gênait beaucoup le malade, car il appuyait sur la base de la langue et déterminait facilement de la suffocation.

L'os malaire, réduit à la paroi externe, est complètement détaché et se porte en dehors et en avant.

L'apophyse montante du malaire formant pilier externe de l'arcade orbitaire a basculé également en dehors et est séparé du malaire par un petit trait de fracture horizontal ; elle a entraîné l'apophyse orbitaire externe du frontal.

Enfin, le 6e fragment est constitué par les os propres du nez, séparés de ceux du côté droit.

Tous ces fragments circonscrivent une cavité close dont les côtés ont éclaté sous la violente poussée des gaz de la déflagration.

La paroi de la voûte palatine a été complètement réduite en miettes par le faux projectile et l'effort direct du coup de feu Quant à la paroi supérieure de l'antre d'Hygmore ou plancher de l'orbite, elle a été également broyée.

Aucun trait de fracture n'a été décelé, malgré un examen minutieux, à la base de l'étage supérieur du crâne. Rien du côté du plafond de l'orbite, ni du côté de la lame ethmoïdale, ni du côté du temporal. — Rien aux méninges, ni au cerveau.

*Pas de débris de la fausse balle en carton.*


## Année 1903.

20. — *Suicide par cartouche à blanc, le canon du fusil appliqué dans la bouche, contre la voûte palatine. — Mort instantanée.* — (Note résumée due à l'obligeance du médecin-major Rispal.)

D... caporal au 145e régiment d'infanterie s'est suicidé dans la nuit du 19 octobre 1903, *à l'aide d'une cartouche à blanc tirée dans la bouche.*

Mort instantanée ; levée du corps : hémorragie considérable par la bouche et l'oreille droite. — Dislocation de la voûte palatine, qui est séparée en deux par un profond sillon. Aucun orifice de sortie du projectile. — Cadavre mis en dépôt à l'hôpital militaire de Montmédy.

AUTOPSIE. — Fêlure de la région occipito-temporale droite dans une étendue de 10 centimètres, paraissant due à la chute du corps.

La lame criblée de l'ethmoïde et l'apophyse crista-galli sont détachées complètement et laissent communiquer la cavité buccale avec l'intérieur de la boîte crânienne. Hémorragie en masse au niveau de l'hexagone de Willis, sans déchirure de la substance cérébrale. — *Pas de trace de projectile.*

En somme, *fracture de la base du crâne et du rocher droit avec hémorragie très abondante. Shock nerveux. Mort instantanée.*

21. — *Suicide par coup de feu à blanc dans la région de l'hypochondre droit. — Mort.* — (Due à l'obligeance du médecin-major Brice.)

Le soldat L... du 51e régiment d'infanterie, *tente de se suicider*, le 25 mars 1903, *avec une cartouche à blanc.* La mort n'étant pas immédiate, on le transporte d'urgence à l'hospice mixte de Beauvais.

Là, un pansement minutieux est fait. Le blessé n'a pas perdu connaissance ; aspect général bon ; pouls 72 plein et régulier.

Après avoir déshabillé cet homme, on constate *une plaie de la dimension de 50 centimes, à bords déchiquetés et souillés de poudre, siégeant à deux travers de doigt au-dessous des fausses côtes de droite et à un travers de main en avant de la ligne axillaire.*

Il n'y avait pas d'hémorragie, mais simplement un léger suintement sanguin. Le fond de la plaie semblait formé par le plan musculaire superficiel. — Pas d'orifice de sortie ; pas d'exploration manuelle, ni instrumentale, dans la profondeur de la blessure.

Lavage au sublimé tiède. — Pansement humide. — Bandage de corps. Repos absolu avec diète rigoureuse d'aliments et de boissons ; un peu de glace ; potion à l'extrait thébaïque. — P. = 68 — T = 36°8.

L'infirmier de garde reçoit la consigne de surveiller le pouls, la température et surtout les vomissements.

L... se plaint toute la nuit : P. = 60 — T. = 36°6 ; pas de vomissements ; agitation extrême.

Vers 5 heures du matin, L... se plaint d'avoir soif, se met à pâlir, renverse la tête, fait quelques mouvements convulsifs et en quelques secondes la mort survint.

Interrogatoire des témoins. — *Durant une manœuvre de garnison, ce soldat avait été puni de 8 jours de consigne.* Cette punition qu'il croyait injuste le peina beaucoup. De retour à sa chambre, il se montra agité, écrivit une lettre, puis sans rien dire et sans que ses camarades puissent soupçonner ses intentions de suicide, L.., prit son fusil comme pour le nettoyer, en appuya le canon contre le flanc droit encore recouvert de sa capote et de son pantalon et avec une baguette fit partir le coup.

La détonation surprit tout le monde : on se précipita à son secours ; l'étudiant en médecine le pansa aussitôt.

L... était d'une constitution robuste, d'un caractère gai mais un peu frondeur. Sans nul doute, il a agi sous l'empire d'une surexcitation passagère, très manifeste dans la lettre qu'il a écrite à sa mère, avant de se suicider, et *il semble qu'escomptant l'innocuité des cartouches à blanc, il n'ait pas songé à attenter sérieusement à ses jours.*

Autopsie. — Cadavre d'un homme bien musclé. — Lividités cadavériques et tache verte abdominale très prononcée.

Une incision cruciale, dont l'intersection passe par le centre de la blessure, montre un trajet déchiqueté, surtout dans la portion musculaire, et rempli de fragments noirâtres peu consistants, qui semblent être les débris calcinés du projectile.

La plaie va en s'amincissant à travers les muscles grand oblique, petit oblique et transverse, qui est à peine déchiré. Le fascia superficialis n'a qu'une ouverture presque linéaire et à grand axe vertical. Le péritoine pariétal présente de l'infiltration sanguine. La fosse iliaque contient environ un verre de liquide brunâtre, d'odeur fécaloïde, non purulent. — Sur le péritoine viscéral très aminci, on note des fausses membranes peu épaisses. Le côlon ascendant, sur une étendue de 8 centimètres de haut et 3 de large, a une coloration violacée très intense. La paroi amincie est infiltrée de liquide fécaloïde et par endroits de petits caillots sanguins. On note une déchirure d'un demi-centimètre, mais elle peut avoir été faite pendant l'autopsie, tant la paroi du côlon est friable.

Tout le tissu cellulaire de la fosse iliaque est contusionné et infiltré de sang. Le foie et le rein sont intacts. — *Il n'y a pas de débris de projectile dans l'abdomen.*


22. — *Coup de feu à blanc dans l'aisselle droite. — Longue suppuration. — Fistules. — Ankylose. — Atrophie musculaire. —
Résection scapulo-humérale. — Guérison partielle. — Réforme
n° 1 avec pension de retraite.* (Due à l'obligeance du médecin-
major Monéger et du médecin principal Warnecke).


Au mois de juin 1902, notre excellent ami Monéger est appelé, aux environs de Brive, auprès d'un soldat du 14e régiment d'infanterie qui, durant un exercice du service en campagne, venait d'être victime d'un accident, survenu dans les circonstances suivantes :

Placé en sentinelle avancée, le soldat B... *était appuyé sur son fusil, l'extrémité du canon placée dans l'aisselle droite.* De petits bergers vinrent s'amuser auprès de lui : l'un d'eux, en jouant avec son arme, appuya sur la gâchette et le coup partit.

Monéger, appelé en toute hâte, constata une plaie linéaire de 2 à 3 centimètres de long, siégeant à l'union des parois antérieure et inférieure de l'aisselle droite. L'hémorrhagie était assez abondante, mais céda à un pansement compressif.

Hopital de Brive. — Là, le blessé est soumis à des injections quotidiennes d'eau oxygénée, mais le trajet suppure et pendant des mois cette suppuration interminable continue. Une fistule s'ouvre sur le bord axillaire de l'omoplate, les muscles péri-scapulaires s'atrophient et l'épaule s'ankylose.

M. le Docteur Piqué, chirurgien des Hôpitaux de Paris, voit ce blessé quelques mois après l'accident. Il est partisan d'une intervention, qui consisterait à fendre la paroi antérieure de l'aisselle, à découvrir largement ce creux axillaire et à aborder, par cette voie, la tête de l'humérus et toute la région de l'épaule.

Cette intervention sanglante n'est pas acceptée par le blessé et le traitement par les injections intra-canaliculaires d'eau oxygénée est continué.

Au mois de juin 1903, un an après l'accident, l'ankylose de l'épaule est complète, les muscles péri-scapulaires sont entièrement atrophiés, la suppuration intarissable persiste par l'orifice d'entrée et par deux fistules, l'une située sur le bord axillaire de l'omoplate, l'autre au-dessous de la clavicule.

Au moment de son inspection générale, le Directeur du service de santé ordonna l'évacuation de ce blessé sur l'hôpital régional de Limoges.

Hopital de Limoges. — En raison du mauvais état général du blessé, qui fit songer à une ostéo-arthrite d'origine tuberculeuse, on se contenta au début, de faire quelques grattages ou curetages, qui restèrent sans résultat.

Les deux premières fistules s'étaient taries, mais il s'en était formé trois autres : l'une dans la cavité axillaire, l'autre brachiale, au niveau de l'empreinte deltoïdienne, la troisième au-dessous et très proche de la pointe de l'acromion.

Quatre mois après, une intervention sanglante est décidée.

« J'ai eu recours, nous écrit M. le médecin principal Warnecke, à la méthode sous-périostée avec l'incision d'Ollier, menée du bord de l'apophyse coracoïde à 10 centimètres plus bas. La capsule est fendue sur toute la longueur et l'opération devient longue et laborieuse, en raison de la gravité et de l'étendue des dégâts osseux.

La capsule était très épaisse et fortement adhérente aux deux lèvres de la coulisse bicipitale. La désinsertion de la grosse tubérosité en particulier a été très pénible, car une fracture s'étant produite dès les premiers efforts, mon aide n'avait plus aucune action sur l'humérus et ne pouvait placer le membre ni en rotation interne, ni en abduction. La désinsertion du tendon du biceps et des tendons de la petite tubérosité ont été aussi difficiles.

Avec la curette, j'enlevais tantôt de gros fragments nécrosés, tantôt une véritable bouillie osseuse ; aussi, j'ai dû donner, malgré moi, mon trait de scie fort bas et atteindre les attaches deltoïdiennes. »

Toilette méticuleuse de la capsule et curetage vigoureux à la gouge de la cavité glénoïde fortement altérée.

Pas de suites opératoires, — Modification rapide et complète de l'état général. — Résultats fonctionnels fort satisfaisants.

*Le blessé fut réformé n° 1 avec une pension de retraite (5ᵉ classe n° 42), quelques mois après cette intervention.*

Voici le libellé du certificat de vérification : « Ch.. est atteint d'ankylose complète de l'articulation scapulo-humérale droite, avec atrophie considérable du deltoïde et des autres muscles de l'épaule, ainsi que du bras, qui est raccourci d'environ 10 centimètres. »

« L'impotence fonctionnelle du bras est absolue, les mouvements de l'avant-bras sont diminués d'amplitude, *ceux de la main sont normaux.* »

*« Cet état est la conséquence d'un coup de feu à blanc de l'aisselle droite, suivie d'une ostéite chronique de l'extrémité supérieure de l'humérus, ayant nécessité une résection de 10 centimètres avec abrasion de la cavité glénoïde ».*

## Année 1905.

**23.** — *Plaie ischio-trochantérienne par coup de feu à blanc.* — (Dûe à l'obligeance de M. l'aide-major BADIE.)

Le 19 janvier 1905, le soldat B..., du 123e régiment d'infanterie, est transporté à l'infirmerie, vers deux heures de l'après-midi, étant *atteint d'une blessure à la fesse droite par coup de feu à blanc.*

Cet accident est survenu dans un exercice de service en campagne. Voici dans quelles circonstances :

Le soldat B..., en patrouille d'avant-garde, suivi par un de ses camarades à 1m50 environ, occupait un point d'appui, derrière un petit talus. Puis, prenant tous les deux leur pas de course, l'arme à la main, pour faire un bond en avant, on entendit soudain un coup de feu éclater : la gâchette du fusil du second patrouilleur, malencontreusement accrochée à la courroie de son bidon, avait fait partir le coup.

Le blessé éprouva une forte commotion et ressentit au niveau de la fesse droite comme un violent coup, donné de dehors en dedans et d'arrière en avant, mais la douleur ne fut pas très vive.

B... s'aperçoit alors que sa capote et son pantalon présentent une déchirure irrégulièrement circulaire, dont les bords sont brûlés par place.

Pansé sommairement par l'infirmier de service, B... est transporté sans retard à l'infirmerie.

Là, notre camarade Badie trouve le blessé en proie à une légère excitation, qui se traduit par un abondant verbiage. Le pouls, régulier au début, s'accélère peu à peu et s'accompagne de petits frissons. Examinant alors la région intéressée, voici ce que Badie constate : Une plaie circulaire de 2 centimètres environ de diamètre, profonde, siégeant au voisinage du grand trochanter, exactement à 5 centimètres au-dessus et à 1 centimètre en dedans de l'angle postéro-supérieur de cette apophyse. Les bords de l'orifice d'entrée sont irréguliers, légèrement déchiquetés ; la peau, à ce niveau est tatouée, on y observe en outre les lésions d'une brûlure au premier degré et une légère distension causée par une collerette d'emphysème sous-cutané. Le trajet de la blessure est borgne, béant. Sa direction est oblique de haut en bas et d'arrière en avant ; sur sa longueur, d'environ 7 centimètres sont atteints : la peau, le tissu cellulaire sous-cutané, le moyen fessier où le trajet se réduit à un séton linéaire par le fait de la rétractilité musculaire ; il semble même que le petit fessier soit intéressé.

*Les fragments de la fausse balle n'ont pu être ni retrouvés, ni extraits.*

Les troubles fonctionnels sont peu marqués : les mouvements d'adduction, d'abduction et de circumduction, la flexion sont provoqués sans douleur ; l'extension seule est un peu douloureuse. Les mouvements actifs, quoique diminués dans leur amplitude, s'effectuent aisément.

Le blessé accuse dans la partie postérieure de la cuisse, au niveau du trajet du sciatique, une douleur assez vive s'irradiant jusqu'au genou et la malléole externe.

B... est évacué sur l'hôpital militaire de la Rochelle le lendemain de l'accident.

Un deuxième examen ne donne pas de nouveaux renseignements et le faux projectile n'est pas retrouvé : Les troubles fonctionnels sont restés sensiblement les mêmes.

Pendant les six premiers jours de son hospitalisation, des fragments de carton sont pourtant éliminés par la plaie, qui suppure légèrement. L'état général ne subit aucune altération, (la température ne dépasse pas 38°).

Trois semaines après l'accident, la plaie est complètement fermée, laissant une cicatrice très petite et légèrement infundibuliforme. Le blessé, après avoir obtenu un congé de convalescence d'un mois, reprend son service.

En somme, la blessure, présentée par le soldat B..., a été peu grave par le fait de la région atteinte qui ne contient aucun organe important, mais elle montre la force de pénétration et le danger de ces projectiles d'exercice, tirés à faible distance.

### Année 1906.

24. — *Plaie perforante avec fracas osseux de l'avant-bras gauche par coup de feu à blanc, tiré à bout touchant. — Amputation immédiate. — Guérison. —* (Dûe à l'obligeance du médecin-major Rouyer et de l'aide-major Grenier.)

Le 15 juin 1906, au cours d'un exercice de service en campagne, le chasseur M... du 10ᵉ bataillon de chasseurs à pied est victime de l'accident suivant : Sa section avait reçu l'ordre de s'arrêter et de s'abriter derrière une haie, en attendant de nouvelles instructions.

*M... qui avait laissé par mégarde son fusil chargé d'une cartouche à blanc, s'était placé dans la position du demi-repos, l'avant-bras gauche accoudé sur l'extrémité du canon du fusil.* La pronation n'était pas complète et le bord cubital appuyait directement sur l'arme.

Son voisin, ayant remarqué que son fusil n'était pas au cran d'abattu, lui en fait l'observation et pour lui éviter tout reproche, presse sur la gâchette. Le coup part et le chasseur M... est atteint d'une blessure perforante avec fracas osseux de l'avant-bras gauche. Le sang s'échappe de la plaie en abondance.

Le capitaine de la compagnie applique sans retard un garrot au milieu du bras, puis il immobilise le membre entre deux planchettes et le fait immédiatement transporter à l'hôpital de Saint-Dié.

Hôpital. — Après avoir deshabillé avec soin le blessé, on voit, au milieu de l'avant-bras gauche, vers le bord cubital, une plaie linéaire de 4 centimètres de long et vers le bord radial, au même niveau, une plaie de 7 centimètres, à bords déchiquetés, analogue à la coupure que ferait à la peau un mauvais couteau.

L'exploration de la blessure montre qu'il y a une fracture complète du cubitus dont les deux fragments ne s'accolent plus bout à bout. Quant au radius, il est fracassé en cinq ou six esquilles lamelliformes, dont une au moins a dû s'échapper par la plaie cutanée.

En remplaçant le garrot par une bande d'Esmarch, on provoque une hémorrhagie artérielle. Tous les vaisseaux importants de l'avant-bras sont sectionnés, les nerfs doivent être aussi déchirés sur une certaine longueur, car une piqûre du creux de la main, à l'aide d'une épingle traversant les masses musculaires de part en part, reste absolument indolore. Les muscles sont déchiquetés et le doigt explorateur ramène des débris de tendons.

En présence de ces désordres vasculo-nerveux et de ces délabrements musculaires et osseux, l'amputation est jugée nécessaire. Une ligature de l'axillaire aurait pu seule parer aux hémorragies, mais elle aurait compromis la vitalité d'un membre déjà menacé de gangrène par l'explosion.

L'amputation a été pratiquée à quatre travers de doigt au-dessous du coude. Elle a donné d'excellents résultats et le blessé pourra certainement porter dans de bonnes conditions un appareil de prothèse.

L'examen de l'avant-bras amputé a révélé, indépendamment des fractures précitées, que le nerf radial et les vaisseaux voisins étaient sectionnés sur une longueur de 8 centimètres ; le médian n'a été rencontré qu'au tiers supérieur de l'avant-bras et au poignet. Toute la portion intermédiaire, détruite par l'explosion, n'a pas été retrouvée. Quant au nerf et aux vaisseaux cubitaux, ils étaient intacts. Les muscles fléchisseurs étaient détruits presque complètement et d'une façon générale toute la masse musculaire de la face antérieure de l'avant-bras ne faisait plus qu'un amas de débris hachés, morcelés, dont la suture était impossible. (V. fig. 45, page 203).

L'examen des vêtements n'a été fait qu'après l'opération. L'homme portait un bourgeron de toile, une veste de drap et une chemise. Sur le bord cubital de ces effets on trouve simplement un trou à l'emporte-pièce ayant les mêmes dimensions que l'orifice du canon du fusil. Le bord radial est, lui aussi, déchiré d'un seul trait comme par un canif mal aiguisé.

# CHAPITRE V

## DANGERS DES TIRS A BLANC DE L'ARTILLERIE.

Pour compléter cette étude des tirs à blanc, nous mentionnerons rapidement les méfaits des projectiles d'exercice, employés dans les bouches à feu de l'artillerie.

Comme pour les fusils, ces faux projectiles ont été inventés pour faire le simulacre de la guerre et pour réaliser une forte détonation, à peu près semblable à celle qui se produit dans les coups de canon réels.

« Le tir en blanc, dit l'instruction ministérielle du 17 décembre 1896, est le tir à poudre usité pour les exercices d'instruction et pour les salves de réjouissance ou d'honneur.

Suivant les modèles de la bouche à feu, la poudre est renfermée soit dans un sachet en toile amiantine, soit dans un étui métallique.

Les gargousses et les cartouches employées pour les tirs en blanc sont chargées avec de la poudre $MC^{30}$, ou avec de la poudre à canon aux pilons.

L'emploi de toutes les autres poudres noires, des poudres de démolition et des poudres irrégulières ou détériorées est interdit.

Pour le canon de 90 et pour le canon revolver la charge destinée au tir en blanc comporte un faux projectile en carton. Dans toutes les autres bouches à feu, on n'emploie ni faux projectile, ni tampon d'aucune sorte. »

## CONFECTION DES GARGOUSSES EMPLOYÉES
## POUR LES TIRS A BLANC

*a*. Gargousses en toile amiantine. — Dans ces gargousses, la poudre était fortement tassée dans un sachet dont la hauteur était telle que la cocarde de la gargousse n'avait pas un développement exagéré. La partie supérieure était remplie d'étoupe ou de foin tassé, ce qui provoquait une forte détonation.

Après leur confection, ces gargousses étaient soigneusement calibrées.

*b*. Gargousses métalliques. — Les charges destinées aux tirs à blanc des canons 5, 7 et 138 sont placées dans des gargousses métalliques, qui peuvent être employées plusieurs fois. En général, on utilise les gargousses qui ont servi à effectuer des tirs à charge réduite.

Pour recharger les gargousses métalliques déjà tirées, on réamorce, puis on place les rondelles de carton, d'indienne et enfin la charge de poudre. Cette poudre est renfermée dans un sachet en toile amiantine, assujetti dans la gargousse au moyen d'un *remplissage en foin bien sec, soigneusement trié, de façon qu'il ne contienne pas de corps étrangers*. Ce remplissage, tassé à la main, est maintenu par une rondelle de carton sur laquelle on rabat les bords de la douille.

Les charges avec la poudre MC$^{30}$ sont les suivantes : canon de 5 = 350 grammes; canon de 7 = 500 grammes ; canon de 138 = 2 kilogrammes.

*c*. Faux projectiles en carton employés dans les tirs a blanc du canon de 90. — Les faux projectiles utilisés dans les canons de 90 sont en carton bulle, à trois feuilles, préalablement *aluné*.

Ces tubes cylindriques de 244 millimètres de haut sont fermés en arrière par un disque de carton, en avant par un petit tronc de cône en carton, formant une sorte de fusée, qui complète sa ressemblance avec l'obus réel et qui sert à le maintenir dans les porte-obus, pendant les transports.

Un homme exercé peut. en dix heures, confectionner 75 de ces faux projectiles : Le prix de revient en est des plus modiques.

*d.* CARTOUCHES EMPLOYÉES POUR LES TIRS EN BLANC DU CANON-REVOLVER. — D'après les instructions réglementaires, les cartouches d'exercice employées dans le canon-revolver, comprennent :

1° une douille en laiton réamorcée ;

2° 50 grammes de poudre MC$^{30}$ ou de poudre à canon aux pilons ;

3° Une bourre en feutre de 40 millimètres de diamètre ;

4° Un faux projectile en carton bulle de très faible épaisseur.

Le corps du faux projectile est cylindrique : la partie antérieure, légèrement arrondie, est terminée par un méplat.

Le carton et le papier employés pour la confection de ces faux projectiles sont préalablement alunés.

Une partie de ces faux projectiles est enfoncée et fixée à la douille avec de la colle forte.

En un mot, ce faux projectile repose sur la bourre, qui recouvre la charge de poudre.

*e.* CARTOUCHE A BLANC (m$^{le}$ 1900) POUR CANON A TIR RAPIDE DE 75 MILLIMÈTRES (m$^{le}$ 1897). — La cartouche à blanc du canon de 75 se compose :

1° *D'une douille en cuivre jaune*, en tout semblable à celle de guerre et amorcée dans les mêmes conditions qu'elle. Le culot de cette douille porte également un bourrelet destiné à donner appui aux branches de l'extracteur, qui rejette la douille vide après le tir à blanc, comme après les tirs réels.

2° *D'un tube porte-amorce en laiton*, chargé et fonctionnant comme celui des cartouches de guerre. Le détonateur, percuté au moment du tir, met le feu à la poudre.

3° *D'une charge de poudre sans fumée B C N L de 400 grammes* (poudre colloïdale en longues lamelles, larges d'un demi ou d'un centimètre). Cette charge ne remplit pas complètement la douille ; aussi pour la combler on y ajoute du tan. La fermeture est assurée par une rondelle de carton maintenue par six encoches faites et légèrement rabattues à l'extrémité de la douille. Entre la poudre et la sciure de bois se trouve une mince rondelle de feutre épaisse d'un demi-centimètre.

Actuellement, la charge de poudre n'est plus que de 375 grammes et le tan a été remplacé par un cylindre en carton fermé aux deux bouts.

*<br>* *

Avec les étuis métalliques des canons à tir rapide, la construction de ces cartouches d'exercice n'a pas présenté de grandes difficultés.

Quant aux effets dynamiques et vulnérants de ces tirs à blanc de l'artillerie, ils n'ont pas été, à ma connaissance, expérimentés, calculés, interprétés, mais il est certain qu'en raison de l'énorme pression des gaz produits par la déflagration, tout le terrain immédiatement situé en avant de la bouche du canon est très périlleux.

« *Cette zone dangereuse*, écrit le capitaine d'artillerie autrichienne, Franz Deubler, *s'étend environ jusqu'à 50 pas de la bouche du canon.* »

Aussi, en cessant le feu aux distances réglementaires de 100 à 200 mètres, une blessure par ces cartouches à blanc ne paraît pas possible. Malheureusement, il faut toujours compter avec l'étourderie et la négligence humaine, avec la surprise et l'affolement produits par une attaque intempestive de l'infanterie ou par une charge brusque de la cavalerie.

Dans ces circonstances, les canonniers, en essayant de défendre et de sauver leurs pièces, s'affolent, sautent à terre et tirent sans viser parfois sur des servants, qui ne sont plus à leur place réglementaire, parfois sur des ennemis très rapprochés, entraînés là par l'ardeur d'une charge au galop ou à la baïonnette.

L'étourderie et l'affolement sont donc les causes principales de ces fâcheux accidents, qui restent heureusement rares : Ainsi, en Autriche-Hongrie d'après Deubler, on n'en a pas encore observé et, en France, le nombre en est assez restreint.

Cependant Delan, Dupuytren, Forgemol, H. Larrey ont vu et relaté quelques-unes de ces horribles mutilations par coup de canon à blanc, que nous avons déjà rappelées dans le Iᵉʳ chapitre, (pages 1, 3 et 4).

En 1898, dans la *France médicale*, le Dʳ de Pradel a raconté l'arrachement du pied d'un artilleur par un coup de canon à blanc, *qui partit inopinément durant le flambage* (¹) *d'une pièce*, le 12 septembre 1897.

Voici résumée cette observation, déjà publiée, et dont les détails nous ont été confirmés par notre camarade, le médecin-major Manceaux, qui était présent au moment de l'accident :

I. — *Arrachement d'un pied et d'un orteil à deux artilleurs. — Blessure accidentelle survenue à très faible distance. — Amputation de la jambe d'un des artilleurs, au lieu d'élection. — Guérison. — Réforme n° 1 avec pension de retraite.* —

Aux grandes manœuvres d'automne de 1897, une batterie à cheval du 27ᵉ Régiment d'artillerie se préparait à entrer en action. Elle était arrêtée en formation de marche, les servants à cheval derrière les pièces de 75. — *L'ordre fut alors donné de flamber les canons par inflammation d'une étoupille.*

Mais, *pendant ce flambage, une pièce chargée à blanc depuis la manœuvre de la veille et laissée telle par oubli, fit feu sur le groupe de cavaliers qui se tenaient derrière elle.*

Un servant à cheval dont le pied se trouvait en face de la bouche du canon fut grièvement blessé. Le pied fut arraché et désarticulé, au niveau de l'articulation tibio-tarsienne. — Il ne restait dans le moignon qu'une partie du calcanéum et de l'astragale. — Le pied fut emporté et ne put être retrouvé lors des premières recherches faites en présence de notre camarade Manceaux. — Les chairs de la partie inférieure de la jambe étaient brûlées, dilacérées, exsangues, comme dans les sections par écrasement. - Après un pansement compressif, cet homme fut évacué d'ur-

_______________

(¹) Anciennement on flambait une pièce de canon en tirant un coup de feu à blanc avant les tirs d'instruction, aux écoles à feu ; actuellement on fait partir une simple étoupille, avant de commencer les tirs réels.

gence sur l'hôpital de Péronne, distant de 15 kilomètres, où il fut *amputé de la jambe, séance tenante, au lieu d'élection.*

La plaie ne commença à saigner que deux heures après l'accident. Enfin, le blessé un peu stupéfié, ne ressentit, durant l'opération, que peu de douleur. — Guérison. — *Réforme n° 1 avec pension de retraite.*

En outre, le même coup de canon à blanc fractura la cuisse d'un cheval voisin. Cette fracture fut probablement provoquée par le choc de l'étrier du second artilleur blessé. Cet étrier trouvé à côté du cheval était brisé à la partie supérieure et avait les branches ouvertes. — L'animal fut abattu sur le champ.

Son cavalier avait eu la botte gauche dilacérée, le petit orteil enlevé et le reste du pied gauche brûlé. Cicatrisation lente. — Guérison. — Congé de convalescence. — Reprend service. —

## II. — Blessure mortelle de la région cardiaque par coup de canon a blanc. — (Canon de 75 millimètres

(Observation due à l'obligeance du médecin-major Delacroix.)

Le 23 mai 1900, au cours d'une manœuvre de garnison, le brigadier M... du 11ᵉ régiment de chasseurs à cheval, *fut tué par un coup de canon à blanc* dans les circonstances suivantes :

*Deux escadrons chargeaient une batterie d'artillerie changeant de position.* Les servants se voyant serrés de près par les cavaliers s'affolèrent et mirent rapidement une pièce de 75 en batterie, *sans la détacher de son avant-train.*

Il faut remarquer que *cette pièce était encore en position de route*; par suite son axe était dirigé de bas en haut et faisait un angle d'environ 45° avec l'horizontale. Sa bouche se trouvait ainsi placée à la hauteur de la poitrine d'un cavalier. Les servants tirèrent.

Les témoins de l'accident virent un shako s'envoler à une certaine hauteur et le brigadier M... projeté à terre. Pris de mouvements convulsifs et perdant beaucoup de sang, le malheureux garçon ne tarda pas à succomber. Il était porteur d'une vaste plaie pénétrante dans la région cardiaque, de nombreuses ecchymoses aux bras et à l'abdomen.

M... *se trouvait à 3 mètres environ de la bouche du canon* et la gerbe lumineuse des gaz lécha sa poitrine.

Or, d'après les constatations faites par notre camarade le médecin-major Delacroix, la flamme du 75, résultant de la déflagration de la poudre, *s'étend jusqu'à près de 3 mètres.*

Sur ce parcours, les gaz restent bien groupés et ont une force d'expansion considérable. Ils forment, en sortant de la bouche du canon, un tronc de cône dont la petite base se confond avec cette ouverture et dont la grande base est dirigée vers l'extérieur et va sans cesse en s'élargissant. *A 3 mètres, la grande base a un faible diamètre d'environ 20 centimètres.*

Aussi, chez ce blessé la plaie perforante du thorax correspondait au centre de cette gerbe, et les plaies superficielles de la main, les ecchymoses de l'abdomen, le tatouage de la face étaient dûes aux parties périphériques de ce jet gazeux.

Quant à son cheval, il fut à peine atteint au niveau de l'œil gauche.

En résumé, le brigadier M... était au galop de charge lorsqu'il a été frappé : il a abordé la pièce par la gauche ; celle-ci a été tirée à la distance de 3 mètres, se trouvant en position de route, c'est-à-dire la bouche à hauteur de la poitrine d'un homme à cheval.

La bourre des faux projectiles du 75 est insignifiante comme épaisseur et comme résistance ; en outre les parois, étant métalliques, ne peuvent par suite être déchirées comme celles des gargousses en carton et servir de *projectiles secondaires.*

Enfin, rappelons-nous que *les lésions disséminées, superficielles, sont l'œuvre des gaz périphériques déjà un peu détendus, et que la lésion centrale, profonde, grave, est due à l'action des gaz hautement comprimés, qui se trouvent au centre de la gerbe, à sa sortie de la bouche du canon.*

Autopsie. — (Pratiquée vingt-quatre heures après la mort). — Le cadavre est en état de rigidité cadavérique ; pas de putréfaction, ni de lividités postérieures. La face présente des tatouages nombreux, ponctiformes, causés par des grains de sciure de bois enflammés. Ces tatouages sont régulièrement disposés sur la face et distants d'environ un centimètre les uns des autres. Le front, protégé par la visière du shako, les joues dans la partie où passe la jugulaire, sont épargnées. Le crâne n'a absolument aucune atteinte. Le cou est, comme la face, tatoué très régulièrement.

La veste présente en avant et à gauche un déchiquètement du drap, qui est mâché et finement divisé. Elle est tachée de sang.

Le tronc, après que la veste a été enlevée, montre à la partie gauche dans la région mamelonnaire, entre les 6ᵉ, 7ᵉ, 8ᵉ côtes un effondrement de la paroi musculaire ; les muscles pectoraux sont, de plus, hâchés et divisés, mais sans qu'ils aient été complètement perforés. Dans ces muscles on retrouve de la sciure de bois, des débris vestimentaires finement divisés. L'abdomen présente des ecchymoses très nombreuses et un grand nombre de petites plaies superficielles. La main gauche présente également des ecchymoses à sa partie dorsale. Les cuisses, les jambes n'ont absolument rien.

Le plastron sternal est enlevé avec précaution. Le poumon gauche apparaît comme absolument haché et réduit en particules très fines, mêlées de sciure de bois. Le parenchyme forme là une pâte molle avec cette sciure cruentée. Les plèvres sont gorgées de sang, et le médiastin est le siège d'un abondant épanchement cruorique.

Le cœur présente un péricarde inondé de sang. Le ventricule et l'oreillette gauches sont chacun le siège d'une plaie très nette, à bords découpés comme à l'emporte-pièce, réguliers et franchement sectionnés. Le cœur est absolument exsangue. *Ouvert, il présente au fond de la plaie ventriculaire droite la plaque métallique d'identité, et au fond de la plaie auriculaire, des débris du cordon qui soutient cette plaque et des morceaux de papier finement déchiqueté, provenant du livret individuel du brigadier.* Il n'y a pas de lésions de l'aorte. L'estomac est indemne ainsi que le foie, la rate, les reins et la vessie.

En somme, la mort est due à la perforation du cœur et du poumon gauche, ayant occasionné une véritable inondation sanguine des plèvres et du médiastin, au shock produit par ces vastes plaies anfractueuses, et à l'ébranlement nerveux subi par ces organes indispensables à la vie.

III. — Nombreuses blessures perforantes, mortelles, consécutives a un coup de canon a blanc tiré de très près. — (Canon de 75 millimètres). — Mort rapide.

(Observation due à l'obligeance de M. le médecin-major
de 1re classe Médieux).

Pendant les grandes manœuvres d'armée de 1902 (manœuvres du Sud-Ouest), le 5 septembre, à 8 heures 20 du matin, un canonnier du 9e régiment d'artillerie fut victime d'un accident mortel, dans les circonstances suivantes :

Ayant voulu faire preuve d'initiative en allant porter secours aux camarades de sa batterie, pour aider à la manœuvre d'une pièce embourbée, *il commit l'imprudence de passer devant une pièce voisine, à 1 mètre environ de la bouche, et au moment même où on commandait « feu »*.

On releva le malheureux horriblement mutilé et porteur des lésions suivantes :

1° *Perte du bras droit*, sectionné à la partie moyenne. Le moignon était déchiqueté, anfractueux ; la section de l'os broyé était esquilleuse. L'avant-bras et la main furent recueillis à 5 mètres environ plus loin ; la partie inférieure du bras et de la région du coude furent introuvables.

2° *Vaste plaie de la région abdominale droite* avec perte de substance mettant à nu la masse intestinale. Celle-ci, perforée, donnait issue aux matières fécales, en même temps qu'une hémorragie abondante se produisait.

3° *Fracture complète du fémur droit* à l'union du tiers moyen et du tiers supérieur. La fracture fémorale, avec son chevauchement considérable, paraissait si bien juxta-articulaire que notre camarade Médieux pensa tout d'abord avoir affaire à une luxation coxo-fémorale, mais la mobilité et les craquements ne tardèrent pas à lever tous ses doutes. — Pas de plaie extérieure.

La violence de ce coup de canon à blanc avait été telle que l'étui à revolver du blessé fut mis en loques et son revolver d'ordonnance brisé en deux morceaux, qui furent projetés au loin.

Le blessé eut tout d'abord une syncope, qui dura cinq ou six minutes, puis, recouvrant un peu de lucidité, il fit preuve de la plus grande énergie et du calme le plus complet. — Une injection hypodermique de morphine fut pratiquée.

Après avoir été pansé, il fut transporté à Villefranche-de-Lauraguais, ville distante d'environ 10 kilomètres.

Jusqu'à midi, le blessé conserva sa connaissance ; à midi trente, il expira sans souffrance.

IV. — Blessure du crane mortelle due a un projectile secondaire lancé par un coup de canon a blanc — (canon de 75) — fracture esquilleuse et ouverte du pariétal droit avec hernie et plaie du cerveau — mort lente.

(Observation due à l'obligeance des médecins-majors<br>
Oriou, Marchet et Uzac.)

Aux grandes manœuvres du Poitou, le 5 septembre 1905, à Saint-Jean de Sauves, vers dix heures et demie du matin, une femme, âgée de soixante ans environ, M^me B... *fut blessée mortellement par le tir à blanc d'une batterie du 7° régiment d'artillerie, placée à une quarantaine de mètres environ.*

Cette femme se trouvait sur la grand'route et regardait les artilleurs installés dans un champ voisin. Elle était abritée en partie, croyait-elle, par une haie vive, garnie d'une palissade en bois.

La batterie tirait dans une direction parallèle à la route et l'axe du tir faisait avec ce chemin un angle à droite de 45° environ. *La victime était donc placée très latéralement en dehors de cet axe.*

D'après les renseignements recueillis sur les lieux de l'accident, *il paraîtrait qu'un morceau de planche de la palissade aurait été arraché par le déplacement de l'air de la pièce la plus voisine et que ce projectile secondaire, violemment mobilisé, se serait abattu sur la tête nue de la pauvre femme.*

La blessée, sans connaissance, est transportée à son domicile, qui est tout proche et reçoit immédiatement les soins éclairés et dévoués de nos camarades Oriou, Marchet et Uzac.

Examen. — Sur le côté droit du crâne, à la partie supérieure de la région pariétale et en arrière de la ligne biauriculaire, vers le point rolandique supérieur, elle présente une grande perte de substance osseuse, presque ovalaire, à grand axe dirigé de haut en bas et d'arrière en avant. Cette plaie mesure environ 8 centimètres dans son plus grand diamètre et 6 dans son plus petit.

A travers ce vaste hiatus esquilleux, aux bords machurés et contus, fait hernie la substance cérébrale. Le cerveau lui-même n'est plus recouvert par les méninges, qui ont été abrasées. La pulpe cérébrale offre une déchirure de 3 centimètres, sur une égale profondeur.

Sur les lieux mêmes de l'accident, a été trouvée une esquille irrégulière mesurant à peu près les dimensions d'une pièce de 2 francs et, au cours du pansement, M. Oriou retire encore trois ou quatre esquilles plus petites.

Pendant la désinfection de la plaie, le pouls se maintient, la connaissance revient, on ne constate aucune paralysie partielle de la face, ni des membres. Le bras gauche est pourtant le siège de quelques soubresauts tendineux et de contractures passagères très nettes. A la fin, le pouls faiblissant, on a dû pratiquer plusieurs injections d'éther.

Au point de vue clinique le fait le plus intéressant a été la conservation prolongée de la connaissance, malgré la violence du traumatisme et l'importance des dégâts.

En résumé, cette femme présente une *fracture esquilleuse et ouverte du pariétal droit avec plaie et hernie du cerveau.*

Cette blessure n'a pu être causée par un simple déplacement d'air : *Elle résulte, selon toute vraisemblance, d'un corps étranger violemment mobilisé.*

Pronostic fatal. La famille prévenue assiste au pansement et fait venir un confrère civil, qui confirme la gravité de l'accident. Mort deux jours après.

*<br>* *

Questionné sur cet accident, M. le médecin-major Oriou nous répond : « Nous n'avons pas trouvé le corps du délit dans la plaie, mais il pourrait se faire que ce dernier ait pénétré dans la masse encéphalique, où nous n'avons tenté aucune exploration. Il nous est donc impossible de connaître sa nature et sa forme. »

« Pourtant, en examinant la haie et la palissade grossière faite en planches et bordant la route, nous avons cru remarquer que *des fragments de bois avaient été arrachés par le choc de l'air* et il est possible qu'un d'eux ait été lancé avec une force assez grande pour provoquer une perte osseuse du crâne et une plaie anfractueuse des parties molles avec déchirure de la dure-mère et plaie contuse du cerveau ; — mais il n'est pas possible de l'affirmer. »

D'autres témoins de l'accident ont émis l'hypothèse *d'un caillou lancé par le vent de la pièce* ; d'autres enfin ont cru qu'il y avait *un corps étranger placé dans l'âme de la pièce ou dans la cartouche à blanc* : autant d'hypothèses qu'il nous a été impossible de vérifier. »

Enfin, nous écrit notre camarade Marchet : « Le mécanisme de cette *blessure par projectile secondaire* est assez vraisemblable, car la plaie et la fracture avaient certainement été causées par un choc tangentiel venant un peu de haut en bas et obliquement de dedans en dehors, comme le prouvaient la direction et le décollement de la plaie, le déplacement et la projection des esquilles sur le sol. »

*<br>* *

Notre excellent ami, le médecin-major GUIRLET, nous rapporte le fait suivant :

## V. — Décapitation d'un artilleur par un coup de canon 75, chargé a blanc et tiré a bout portant.

En 1899, près de Lacroix-sur-Meuse, une batterie d'artillerie cheminait lentement dans un épais brouillard.

Une compagnie du 18ᵉ Bataillon de Chasseurs à pied, l'ayant entendue rouler sur son flanc droit, se porte vivement et sans bruit, vers cette batterie qu'elle espère *surprendre à la faveur du brouillard*.

Mais soudain cet épais nuage se dissipe et les deux fractions ennemies se trouvent en face l'une de l'autre, à une cinquantaine de mètres.

Les artilleurs sautent à terre pour défendre leurs pièces à coups de fusils, des servants se portent en avant des roues, de chaque côté du canon. L'un deux en voulant retirer son mousqueton qu'il portait en bandoullière, se baisse, se penche un peu obliquement, *si bien que sa tête se trouvait juste au devant de l'orifice de la pièce*, quand un coup de canon à blanc partit.

Décollation de la tête, qui est réduite en une bouillie informe. Le maxillaire inférieur arraché est projeté à 5 ou 6 mètres.

Le képi est lancé à 20 mètres, la jugulaire est arrachée. — Pas de trâce de brûlures.

Plusieurs chasseurs à pied, qui se trouvaient à 30 mètres, furent fortement secoués par le vent de la déflagration et l'un d'eux fut jeté à terre. — Légère commotion cérébrale, qui guérit promptement, sans laisser de troubles psychiques.

Notre camarade Uzac nous communiqne aussi le cas suivant :

## VI. — Blessures superficielles de la face et rupture du tympan dues a un coup de canon 75 a blanc, reçu a 20 mètres. — Guérison.

En 1900, au cours d'une manœuvre de brigade, une batterie avait pris position au sommet d'un mamelon, en arrière de la ligne de faîte que dépassait seule la bouche des pièces; encore étaient-elles cachées par une petite haie vive.

Le Capitaine et le fourrier, en position d'observation, se trouvaient en avant à 15 ou 20 mètres, sur le versant opposé du monticule, bien au-dessous de la ligne de tir.

Un escadron de cavalerie débouchant à l'improviste, le capitaine commande « feu » et les deux observateurs reçoivent la charge de sciure de bois, quoiqu'ils fussent placés bien au-dessous de l'axe de la trajectoire.

Malgré cette précaution, ils furent projetés à terre et leurs képis lancés à 20 mètres plus loin.

Le fourrier fut atteint d'une perforation du tympan droit et le Capitaine eut la face constellée de petites plaies ecchymotiques, dûes probablement à des parcelles de sciure enflammée : Quelques-unes pénétrèrent sous l'épiderme.

Au niveau de la cornée de l'œil droit on constate deux petites ulcérations superficielles, qui guérirent assez rapidement.

Dans ce cas-là, la haie vive qui dissimulait la pièce avait sans nul doute amorti la force de projection, et rabattu un peu la gerbe gazeuse.

### VII. — Lésions multiples produites par l'éclatement d'une gargousse. — Guérison.

(Observation résumée et due à l'obligeance du médecin aide-major Aubert, des Compagnies Sahariennes.)

Le 14 juillet 1906, à Adrar, *une gargousse éclate pendant que les canonniers exécutent des salves d'honneur* avec les deux pièces de 80 de campagne, que possède chacune des compagnies des oasis sahariennes.

Voici dans quelles circonstances s'est produit cet accident : La pièce de 80 de campagne que servait le canonnier X... avait déjà tiré deux coups. *Au moment où il introduisait une nouvelle gargousse et fermait la culasse, une forte détonation se produisit projetant en arrière le servant, qui se trouvait à gauche de la pièce. L'accident était dû à une flammèche restée dans l'âme du canon malgré les précautions prises.*

Les salves en effet étaient exécutées par les deux pièces de 80, qui tiraient alternativement un coup toutes les deux

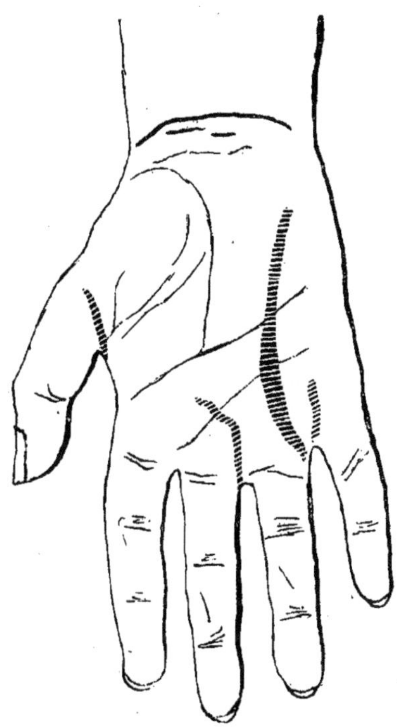

Fig. 38. — Face palmaire.

minutes, pour éviter un trop rapide échauffement. De plus, après chaque coup, un chiffon mouillé était passé sur l'obturateur, les vis de la culasse et dans la chambre. Cette fois l'écouvillonnage avait été fait trop rapidement.

Résumé des blessures constatées sur la face et le membre supérieur droit du blessé :

a) *Sur la face.* — Blessures superficielles et tatouage de la face. — Les yeux sont très sérieusement atteints et présentent outre la combustion des cils et des sourcils, des ecchymoses palpébrales et conjonctivales dues à la pénétration de corps étrangers (grains de poudre, poussières, etc.) Les deux cornées sont tatouées à leur périphérie d'un certain nombre de grains de poudre. Les deux iris sont également intéressés. — Phénomènes inflammatoires intenses : Epiphora, blépharospasme, photophobie, douleurs vives s'irradiant dans le crâne. — Antisepsie des yeux, ablation des corps étrangers, instillations d'atropine, compresses d'eau chaude, etc.

b) *Sur le membre supérieur droit.* — Ce membre présente un éclatement de la main droite, une fracture complète de l'avantbras au tiers inférieur et une subluxation avec entorse du poignet.

*La main* est sectionnée et déchiquetée très profondément (fig. 38 et 39); tous les espaces interdigitaux, sauf le deuxième, ont été intéressés. Le plus gravement atteint est le quatrième qui présente deux déchirures, l'une petite avec une section partielle du tendon fléchisseur de l'auriculaire, l'autre plus longue, plus importante. Elle est située dans l'axe de l'annulaire, décrit une courbe à convexité externe et se termine à la partie moyenne de l'éminence hypothénar à 5 centimètres de l'extrémité de l'apophyse styloïde du cubitus. Cette déchirure est à cheval sur le pli interdigital et se prolonge sur la face dorsale. Outre la peau et les plans superficiels, elle a intéressé les branches artérielles et nerveuses palmaires du petit doigt et de l'annulaire.

De plus, on constate des fractures complètes, transversales, à la partie moyenne des 4ᵉ et 5ᵉ métacarpiens.

*L'avant-bras* présente au tiers inférieur *une fracture directe par choc de la culasse mobile* avec pénétration du cubitus (extrémité supérieure) dans la loge antérieure des muscles de l'avantbras, l'extrémité inférieure du cubitus se portant en arrière et en dedans. Les deux fragments du radius chevauchent l'un sur l'autre.

*Poignet.* — Entorse avec subluxation du carpe en arrière, large hématôme du poignet.

Le soir de l'accident, le blessé eut beaucoup à souffrir tant de ses nombreuses blessures que de la haute température extérieure (50° à l'ombre). — La nuit fut agitée — léger délire et pendant douze jours la fièvre oscilla entre 38°5 et 39°..

TRAITEMENT. — *Main*. — Désinfection méticuleuse des plaies, sutures, arrêt des hémorragies.

*Avant-bras*. — Appareil plâtré partant du tiers moyen du bras,

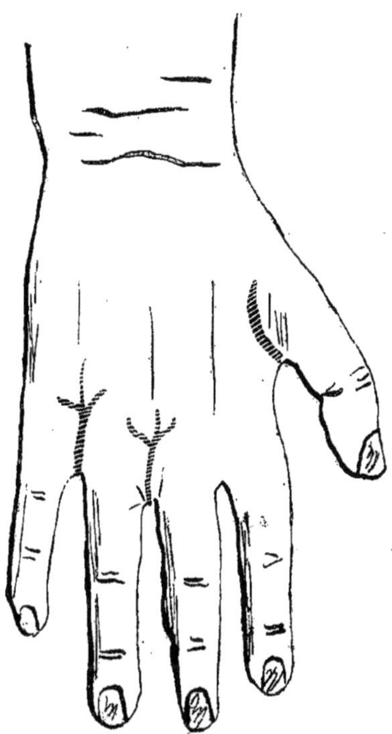

Fig. 39. — Face dorsale.

entourant les deux tiers de l'avant-bras et se continuant sur la face dorsale de la main jusqu'au pli métacarpo-phalangien. L'avant-bras est mis en demi-flexion dans une position moyenne entre la supination et la pronation, le pouce en haut. L'appareil est laissé vingt jours — massage et mouvements — suites opératoires excellentes, l'atrophie musculaire bien combattue disparaît à la longue, ainsi que la raideur articulaire du poignet. —

Le canonnier est actuellement caporal à la compagnie Saharienne du Touat et fait tout son service.

*
* *

En résumé, quoique ces accidents soient observés assez rarement dans l'artillerie, ils sont pourtant possibles, surtout si on oublie de prendre les sages dispositions réglementaires, que nous croyons utile de rappeler ici, en les résumant.

### a) *Mesures de sécurité.*

Si des maisons se trouvent en avant du front de la batterie, se placer de manière que ces maisons soient au moins à 200 mètres en avant du front et à 120 mètres en dehors de la direction du tir de la pièce la moins éloignée.

En arrière du front, éviter de s'approcher des maisons à moins de 50 mètres : faire ouvrir les fenêtres dans ce cas-là.

*Faire évacuer le terrain jusqu'à 200 mètres, en avant du front.*

*Ne jamais tirer sur une troupe distante de moins de 200 mètres.*

### b) *Exécution des tirs à blanc.*

La disposition du matériel, des armements et du personnel est la même pour le tir en blanc que pour le tir réel : seul un écouvillon reste auprès de la pièce comme l'objet d'un usage courant.

*Le personnel employé pour l'exécution des tirs en blanc doit être régulièrement encadré, de façon que le service de chaque bouche à feu soit surveillé par un chef de pièce responsable.*

La charge s'exécute, comme dans les tirs réels, mais avec les précautions suivantes :

1° N'employer pour le tir en blanc qu'*une pièce préalablement lavée à fond et bien nettoyée* ; s'assurer avant de commencer le feu, *qu'il n'y a aucun corps étranger dans l'âme de la pièce.*

2° Avant l'ouverture du feu, flamber avec une étoupille le canal de lumière. — (La pièce de 75 millimètres n'a pas de canal de lumière comme le 90 : c'est une culasse à percussion).

3° *Ecouvillonner soigneusement la chambre à chaque coup* et s'assurer. avant de charger, qu'il ne reste dans l'âme aucun débris présentant des parties en ignition  et pouvant enflammer le coup suivant.

4° S'il y a plusieurs ratés ouvrir la culasse avec les mêmes précautions que dans les tirs réels.

5° *Eviter dans ces tirs toute précipitation exagérée* et veiller à ce que les servants exécutent régulièrement les diverses opérations de la charge, comme pour les tirs de guerre.

6° Enfin, nous fait observer notre bon camarade Verse : « Dans les coups de canon à blanc, la gargousse que l'on introduit ne subit pas une pression telle que toute la poudre ait le temps de brûler intégralement dans le parcours de la pièce et de disparaître en fumée à sa sortie du canon. D'où, surtout par les jours de vent, projection de grains de poudre enflammée sur les canonniers qui sont autour des pièces ou qui apportent de nouveaux projectiles d'exercice. »

Ces ignitions accidentelles peuvent déterminer l'explosion d'une ou plusieurs gargousses et provoquer de très graves accidents.

Au cours des dernières manœuvres du 16° Corps d'Armée Allemand n'a-t-on pas vu plusieurs artilleurs être très grièvement blessés par l'explosion d'une gargousse, ainsi accidentellement enflammée à l'air libre.

En conséquence, il convient, surtout dans les exercices des tirs à blanc, *de laisser entre les pièces un intervalle plus grand* que celui qui est fixé par le Règlement *et de se préoccuper, avant d'ouvrir le feu, de la direction du vent.*

*⁎⁎*

Ces notions sur les *dangers des tirs à blanc dans l'artillerie* sont malheureusement trop écourtées : aussi souhaiterions-nous qu'un camarade, servant dans l'arme, reprît cette question et étudiât, au point de vue expérimental, le pouvoir dynamique et vulnérant de ces projectiles d'exercice.

# CHAPITRE VI

## CONSIDÉRATIONS GÉNÉRALES SUR LES BLESSURES PAR COUPS DE FEU A BLANC, SELON LEUR SIÈGE ANATOMIQUE.

Nous n'avons pas l'intention de faire ici une étude complète des blessures par coups de feu à blanc, *selon leur siège anatomique*, mais nous indiquerons simplement leur proportionnalité et nous signalerons leurs traits distinctifs, les circonstances particulières, qui donnent à ces traumatismes une physionomie toute spéciale.

« Sans doute, dit Legludic, la gravité d'une lésion ne dépend pas de la seule considération de la région atteinte, mais l'examen serait insuffisant, s'il se bornait à diagnostiquer la cause, et s'il n'envisageait pas aussi quels sont les tissus ou les viscères atteints, quelles sont les fonctions troublées, afin d'en définir les conséquences. »

Or, d'après les diverses statistiques recueillies, *les régions de l'organisme les plus fréquemment intéressées par les tirs à blanc sont les mains et la face, (en particulier les yeux)* ; mais si ces blessures sont habituellement graves, elles sont pourtant rarement mortelles.

Le tronc est moins souvent lésé, sauf par les coups de feu à blanc tirés intentionnellement à bout portant. Dans ces cas-là, on constate souvent des phénomènes explosifs provoquant de vastes plaies perforantes, généralement mortelles.

Enfin, les blessures des membres sont très rarement suivies de mort, mais le plus souvent d'impotences fonctionnelles très marquées.

* *

I. — A LA FACE ET AUX YEUX. — « De toutes les régions du corps, dit Boppe, la face, qui n'est protégée par aucun vêtement, est la plus exposée dans les coups de feu à blanc, tirés imprudemment à faible distance. »

Dans la simple mise en joue, c'est la tête qui devient la cible normale pour des hommes debout ; aussi dans les manœuvres, comme dans les exercices d'instruction, « c'est elle habituellement qui est atteinte dans les coups de feu accidentels par fausse balle. » (Nimier et Laval).

Et dans la face, ce sont surtout les yeux, organes délicats, qui peuvent être encore lésés, jusqu'à 3 mètres, par des grains de poudre incomplètement comburés, dont l'action serait sans influence sur une autre région anatomique.

Jusqu'à 50 centimètres, les blessures du massif osseux facial sont graves, surtout au niveau de l'antre d'Hygmore, dont la fine lamelle osseuse antérieure s'effondre facilement sous la pression des gaz. (Expériences du D<sup>r</sup> Haga, au Japon).

Au delà de cette distance, les coups de feu à blanc de la face ne produisent plus qu'un tatouage cutané « *en forme de soleil de sacristie* » (Brouardel) et des pénétrations des grains de poudre dans les milieux oculaires, déterminant là des phénomènes d'irido-choroïdite avec perte plus ou moins complète de la vue.

*Dans les tentatives de suicide avec ces fausses balles, l'extrémité du canon est souvent appliquée dans la bouche.* Explosant dans une cavité close, les gaz de la déflagration hautement comprimés perforent la voûte palatine, les os propres du nez et font éclater le massif facial, ainsi que les os de la base du crâne.

La mort, dans ces cas-là, est la règle et l'hémorragie de la conjonctive bulbaire et des conduits auditifs externes est toujours notée.

Au contraire, *dans les tentatives de suicide sous le menton,* écrit D. Larrey, *la mort est rarement obtenue, car le plus souvent l'arme se dévie à l'instant de la détente et la colonne gazeuse est détournée au dehors, dans l'épaisseur des parties sans pénétrer dans le crâne.* (Ex. : *le suicidé guéri de Dupeyron.*)

CRANE. — « Au niveau du crâne, la mince couche des parties molles qui la recouvre, le peu d'épaisseur de ses os, la délicatesse et la fragilité de l'encéphale, l'importance des fonctions cérébrales, dit Legludic, donnent à ces blessures des caractères très spéciaux et souvent particulièrement aggravés ».

Mais les désordres encéphaliques observés sont en raison de la distance et de la direction de l'arme. « Chez les suicidés, écrit Nimier, à l'action du projectile s'ajoute celle des gaz produits par la déflagration de la charge de poudre et cette dernière action est surtout manifeste lorsque le jet gazeux, au lieu de s'étaler au pourtour du trou d'entrée, pénètre à la suite du projectile dans les tissus : *ceci arrive lorsque le canon de l'arme est tenu en contact même de la peau* ».

La difficulté d'obtenir un appui exact, sur la surface arrondie de la tête, explique la diversité des lésions observées.

*A bout touchant*, on constate généralement dans l'épaisseur des parois crâniennes un véritable pertuis à bords presque taillés à pic et dans l'intérieur de l'encéphale une véritable bouillie de pulpe cérébrale. Dans ces violents traumatismes la mort est instantanée.

*A une faible distance*, (entre 10 et 15 centimètres), on note sur la table externe une légère dépression osseuse avec des fêlures qui s'irradient. Malheureusement la table interne ou vitrée, si fragile, éclate en plusieurs fragments, qui compriment les méninges sous-jacentes : aussi le blessé tombe généralement dans un état comateux et on trouve chez lui des phénomènes d'hémiparésie très nets.

Dans ces cas-là, *il faut sans retard appliquer quelques couronnes de trépan et relever avec un élévatoire les esquilles de la table interne*, qui irritent la masse cérébrale.

Après cette ablation, les phénomènes de compression crânienne disparaissent promptement : le blessé sort du coma et on assiste à une véritable résurrection organique, comme l'ont constaté nos camarades Lecomte et Van Ex, chez leurs trépanés.

Ces blessés crâniens, après une longue convalescence, peuvent reprendre leur service.

*Quant aux suicides par coups de feu à blanc au niveau de la tempe*, ils sont très rares : cela est dû à ce fait que les fusils de guerre sont trop lourds pour être maniés comme des révolvers d'ordonnance ou des pistolets de poche.

Enfin, *les blessures de la nuque et de l'occiput* sont toujours produites par l'imprudence de camarades placés au second rang.

* *<br>* *

II. — A LA MAIN. — Comme la face, la main n'est protégée par aucun vêtement ; de plus, grâce à sa merveilleuse mobilité, à sa large surface de préhension, si souvent en contact des armes, c'est un des organes les plus exposés à ces blessures professionnelles.

Et, tandis que les traumatismes de la face surviennent de préférence au cours des exercices à l'extérieur, *les blessures de la main sont plutôt produites par des cartouches à blanc oubliées dans le magasin du fusil qu'on nettoie ;* aussi éclatent-elles dans l'intérieur des quartiers et des cantonnements, au retour des manœuvres ou des exercices en campagne.

Ces coups de feu à blanc intéressent tantôt les doigts, tantôt la paume de la main.

*a*) PERTE D'UN DOIGT. — Quand on constate l'ablation partielle d'un doigt, c'est le pouce ou plus souvent l'index droit, qui sont atteints.

Dans ce dernier cas, il faut songer aux mutilations volontaires possibles, car *fréquemment l'index droit ou une de ses phalanges sont sacrifiés dans un but intéressé (réforme, congé de convalescence,* etc.).

La statistique des mutilés volontaires, recueillie par notre camarade Huguet, à la 5ᵉ compagnie de discipline, en Tunisie, nous a prouvé que sur 455 mutilations de doigts, 384 intéressaient l'index droit. Il est d'ailleurs exceptionnel d'observer un essai de mutilation sur une région très dangereuse.

A ce propos, rappelons-nous que le mutilé volontaire est un homme aussi économe de « *sa vie* » que de « *sa peau* » et comme l'écrivait Boisseau, « *les hommes qui veulent se mutiler pour se faire réformer, font usage des armes à feu qu'ils chargent seulement à poudre ou à blanc et rarement avec un projectile* ».

Malheureusement ces amputés de l'index droit, en raison de la gêne fonctionnelle éprouvée, étaient exclus de l'armée ; aussi pour éviter ces pertes d'hommes, M. le médecin inspecteur général Dujardin-Beaumetz, pendant son séjour à Aumale (de 1878 à 1880), s'est-il astreint à opérer 49 disciplinaires mutilés, auxquels il a rendu l'usage de leur main et qu'il a pu ainsi garder dans le rang.

Les résultats de cette intervention lui ont paru si satisfaisants qu'il disait au Congrès de Chirurgie de 1900 : « L'amputation de l'index dans la continuité du deuxième métacarpien, (avec trait de scie oblique), pratiquée avec succès, a pour résultat de faire disparaître la mutilation partielle et la gêne manuelle qui en résulte : *elle fait recouvrer à la main la liberté complète des mouvements et une parfaite aptitude au service militaire actif et armé.* »

« Sans nul doute, ajoute Huguet, un amputé de l'index est partiellement gêné pour la manœuvre du sabre, mais il ne l'est en rien pour celle du fusil, du marteau, de la pioche, etc., ni pour le tir, ni pour l'escrime à la baïonnette ; en un mot pour aucun des actes indispensables soit à la défense, soit aux occupations manuelles. Il écrit avec une netteté et une liberté parfaites dans les bureaux. »

L'efficacité de cette intervention a été également soutenue par M. le professeur Poncet, qui l'a préconisée et l'a appelée « *l'opération de Dujardin-Beaumetz* ».

En 1904, notre jeune camarade Husson en fit le sujet de sa thèse inaugurale.

Mais avec notre maître et ami, M. le professeur Mignon, du Val-de-Grâce, nous ne pensons pas qu'il faille intervenir dans tous les cas. *On doit en effet savoir respecter chez les manouvriers la totalité ou même une partie de la première pha-*

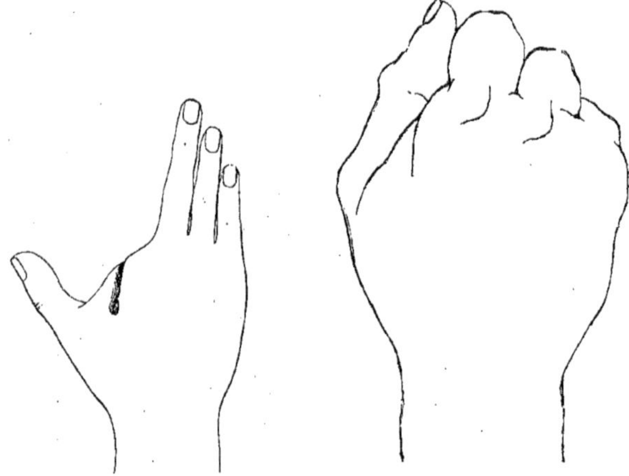

Fig. 40 et 41 (¹).
Résultats de l'amputation du 2ᵉ métacarpien dans la continuité.
(*Opération de Dujardin-Beaumetz*).

*lange de l'index et éviter son ankylose, car l'immobilisation du moignon dans la flexion ou dans l'extension entraîne l'incapacité du doigt, la gêne fonctionnelle et l'opération s'impose dans ces conditions.*

« Elle doit être pratiquée primitivement dans les cas de fracture esquilleuse de l'extrémité inférieure du 2ᵉ métacarpien avec lésions graves des téguments. »

« Elle est encore indiquée primitivement lorsqu'il y a une lésion de l'articulation métacarpo-phalangienne de l'index ou

(¹) Clichés dus à l'obligeance de MM. Charles Lavauzelle et Doin. (Extraits des livres de nos camarades Huguet el Mignon).

quand on est obligé d'amputer l'index à moins d'un centimètre au-dessous de l'articulation métacarpo-phalangienne. »

« Elle est en outre indiquée tardivement, si l'articulation est ankylosée en flexion ou en extension ou si après désarticulation, la tête du métacarpien est trop proéminente, douloureuse et gênante pour les mouvements de préhension. »

En somme, on ne doit pas se laisser aller à pratiquer de parti pris l'amputation diaphysaire du deuxième métacarpien, surtout chez les manouvriers employés à de gros travaux. Une exception, nous dit Mignon, peut être faite en faveur des riches, « *chez lesquels l'esthétique prime la fonction* » (*T. des amputations des membres*).

*b*) Transfixions palmaires. — Après les doigts, c'est la paume de la main, (en particulier celle de la main gauche), qui est le plus souvent lésée et cela, pendant qu'elle est directement appliquée sur l'extrémité du canon. A cette distance, le projectile-air fait balle et produit de larges transfixions métacarpiennes.

*Contraste des orifices.* — Dans les coups de feu à blanc de la paume de la main, ce qu'il y a de curieux, *c'est le contraste frappant entre l'étroitesse de l'orifice d'entrée qui est net, linéaire ou faiblement circulaire et les vastes dimensions de l'orifice de sortie, qui est déchiqueté et creusé en forme de cratère.* Ces lésions si différentes sont dues à la haute tension des gaz, qui emporte tout sur son passage, refoule les tissus et projette en un vaste cône les esquilles mobilisées.

Tous nos camarades, qui ont observé ces traumatismes métacarpiens, Dumayne, Donnadieu, Vinsac, Monéger, Eymeri, Arnaud, Warnecke, Richard, etc., tous sont unanimes à signaler ce *contraste saisissant d'une ouverture d'entrée très petite à la paume de la main et d'un vaste cône de projection à la face dorsale.*

A ce sujet, Donnadieu nous écrit : « La plaie d'entrée dissimulée dans le milieu du pli palmaire cutané inférieur avait l'aspect *d'une plaie par coup de couteau*, les bords en étaient parallèles, lisses et rapprochés ; par contre, la plaie de sortie correspondait à toute la surface dorsale de la main. Les 2e, 3e et 4e métacarpiens étaient fracturés et en partie volatilisés : La peau éclatée avait subi une très large perte. »

Monéger nous donne aussi des renseignements à peu près identiques : « A la paume de la main, on voyait *une plaie linéaire de 2 centimètres*, au dos, faisant un contraste frappant avec la blessure presque insignifiante de la paume, *un énorme cratère aussi large que le dos de la main*. Tous les métacarpiens étaient fracassés et sur les bords du cratère pendaient les débris effilochés des tendons extenseurs. »

Et Eymeri décrit ainsi la transfixion métacarpienne de son blessé : « L'orifice d'entrée, à bords déchiquetés, *présentait à peine les dimensions d'une pièce de cinquante centimes*. Mais l'orifice de sortie, qui occupait à peu près le milieu de la face dorsale, se montrait sous l'aspect d'une large plaie béante, évasée en forme d'entonnoir, à travers laquelle on devinait des dégâts considérables. »

En Autriche, Deubler signale ces mêmes particularités et il cite deux perforations transmétacarpiennes, qui se compliquèrent de tétanos aigu mortel, comme dans le cas de Dumayne.

En résumé, ces coups de feu *à bout touchant* produisent des phénomènes explosifs, fracturent le gril métacarpien, coupent les tendons extenseurs et arrachent les parties molles.

Ajoutons, avec Philouze, Nimier et Laval, que *la direction du choc gazeux est un facteur qui a une haute importance*. Le jet en effet, *dirigé perpendiculairement*, concentre son effort au point frappé, broie ce qui lui résiste, pénètre à travers l'ouverture qu'il a créée dans la peau et produit des dilacérations profondes. Par contre, *si le jet est oblique*, par rapport au plan résistant, il se dévie en partie, il ricoche et ses effets en sont diminués d'autant.

*c)* MÉTHODE CONSERVATRICE. — Après une esquillotomie soignée, après la suture des débris tendineux et cutanés, il faut attendre, sous des pansements antiseptiques, une restauration plus ou

.moins  lente  qui,  souvent,  permet  des  mouvements  assez

Fig. 42.

Plaie perforante de la main droite par coup de feu à blanc, traitée par la
méthode conservatrice. Résultats fonctionnels définitifs très satisfaisants.
(Observation du soldat V. Henri du 138e d'infanterie (page 154).

étendus, comme dans les cas de Vinsac et d'Eymeri-Arnaud.

A propos de ce dernier blessé, traité à l'hôpital de Limoges,
M. le médecin principal Warnecke nous fait remarquer qu'a-
près de pareils délabrements, il est étonnant et consolant de
voir combien la nature peut réparer ses pertes, sous le couvert
de l'antisepsie moderne et combien l'impotence fonctionnelle
peut être combattue par un traitement rationnel longtemps
poursuivi (mobilisation, massage, électricité).

Dans l'épreuve radiographique ci-jointe (Fig. 42), due à
l'extrême obligeance de notre camarade, on peut voir toute l'étendue des dégâts produits par un coup de feu à blanc : Des trois
métacarpiens fracturés, il ne reste plus que les têtes globu-
leuses, représentant les extrémités phalangiennes et carpiennes
de ces os longs. La restauration en fut pourtant merveilleuse.

D'ailleurs, voici comment est décrit par Eymeri l'état fonc-
tionnel de la main de ce blessé, à sa sortie de l'hôpital : « Les
mouvements de flexion sont conservés et limités seulement par
la rétraction cicatricielle de la peau de la face dorsale ; les
mouvements d'extension sont partiellement récupérés, grâce à
l'intégrité des tendons extenseurs du pouce et du petit doigt.
La main s'étendant en masse, atteint un angle de 45° environ :
l'extension individuelle des trois doigts du milieu est impossible ; toutefois, l'extension partielle des 2ᵉ et 3ᵉ phalanges sur
la première de ces mêmes doigts est possible, à condition que
ces mouvements soient exécutés en même temps que ceux des
phalanges similaires des doigts extrêmes. »

En somme, la conservation doit être toujours tentée, car ne
sait-on pas « que les cicatrices même vicieuses du dos de la
main permettent la mobilité des tendons extenseurs, tandis que
les cicatrices palmaires opposent plus souvent une entrave
sérieuse au jeu des fléchisseurs. » (Toubert).

Cependant ces transfixions métacarpiennes sont loin d'avoir
toutes des résultats fonctionnels aussi heureux et parfois on constate, à la suite de ces traumatismes, des doigts qui restent *ballants*
ou des cicatrices rétractiles, qui immobilisent les deux doigts
voisins, comme dans le cas de M. le médecin principal Richard.

*d*) Doigt ballant. — Dans les cas de doigt ballant, il ne faut pas hésiter à en faire l'amputation, car ces doigts inertes sont une gêne permanente. En outre, s'il existe dans le dos de la main une cicatrice vicieuse, rétractile, il faut imiter la conduite de

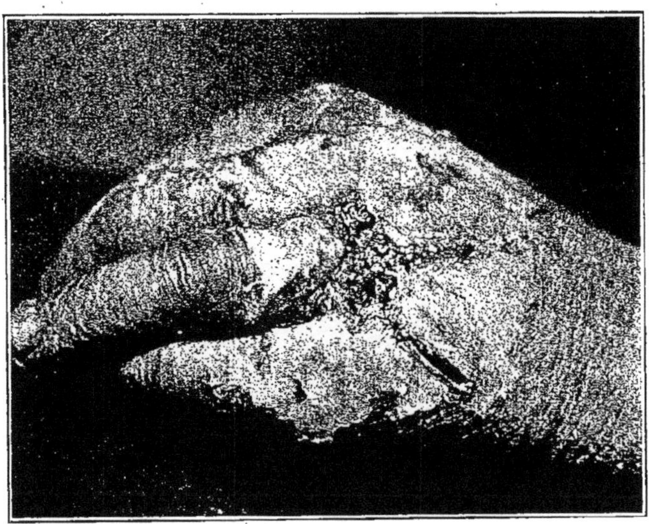

Fig. 43.

Plaie dorsale ulcérée et doigt annulaire « *ballant* » de la main gauche, avant l'intervention.

(Observation du soldat R... (page 137).

notre camarade, *qui fit l'autoplastie de la plaie dorsale ulcérée avec la peau du doigt enlevé.*

Richard s'est rappelé, dans ce cas-là, du *procédé d'autoplastie par désossement*, conseillé déjà par Verneuil et Polaillon, dont le but est « de sacrifier le squelette du doigt le plus imparfait et de conserver son enveloppement tégumentaire pour faire des lambeaux, qui serviront à réparer la perte de substance ».

Par une raquette à queue dorsale ou palmaire, selon que la peau doit être rabattue vers la paume ou vers le dos, le doigt est dépouillé puis désarticulé, ou mieux enlevé avec la tête métacarpienne, qui est déjà amputée (Guermonprez-Toubert).

Les deux photographies ci-jointes (Fig. 43 et 44), que nous devons à son extrême obligeance, représentent l'une, la plaie ulcéreuse du dos de la main au moment de l'intervention, l'autre, l'aspect de la cicatrice après l'autoplastie, au moment où le blessé quitte l'hôpital.

Au sujet de cette intervention, voici comment M. le médecin

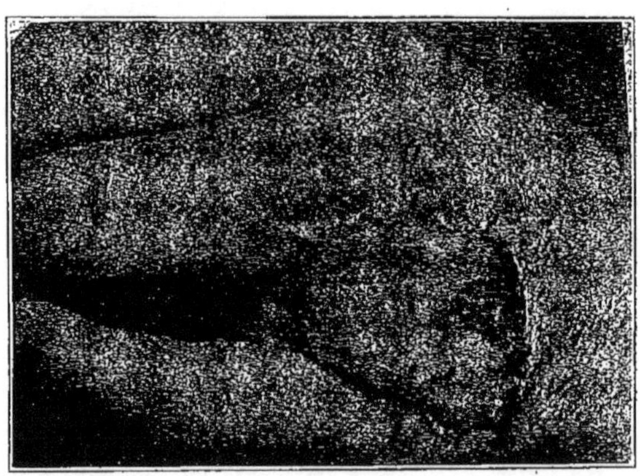

Fig. 44.

Cicatrice autoplastique de la main gauche, après désossement d'un doigt ballant. Résultats définitifs.

(Observation du soldat R... (page 157).

principal Richard nous hiérarchisait, dans une de ses lettres, les indications opératoires :

1° Inertie et non seulement inutilité absolue de ce doigt ballant, mais gêne causée par lui, motivant l'amputation.

2° Longueur de cicatrisation et rétraction de la plaie cicatricielle, tendant :

a. A rapprocher l'auriculaire et le médius ;

b. A immobiliser le dos de la main.

3° Utilisation de la peau du doigt appelé à disparaître pour autoplastier la plaie, afin de remédier aux complications cicatricielles.

Les résultats de son intervention opératoire furent les suivants :

1° Le lambeau avait une vitalité parfaite ;

2° Le dos de la main avait conservé sa souplesse et n'avait plus aucune tendance à la rétraction.

3° Les mouvements des deux doigts voisins étaient très étendus.

*En résumé — en cas de doigt ballant — ablation et décortication du doigt sacrifié, pour combler et restaurer le cratère dorsal.*

III. — AUX MEMBRES. — Dans les masses musculaires des membres, la gravité de ces blessures est proportionnelle à l'éloignement de l'arme et aux désordres nerveux, artériels ou osseux constatés.

Mais, *à bout touchant*, on observe là des phénomènes explosifs un peu semblables à ceux de la main, c'est-à-dire avec un orifice d'entrée étroit et un orifice de sortie fortement évasé. Et, reliant ces deux orifices, un séton transmusculaire élargi, aux parois fortement dilatées et dilacérées.

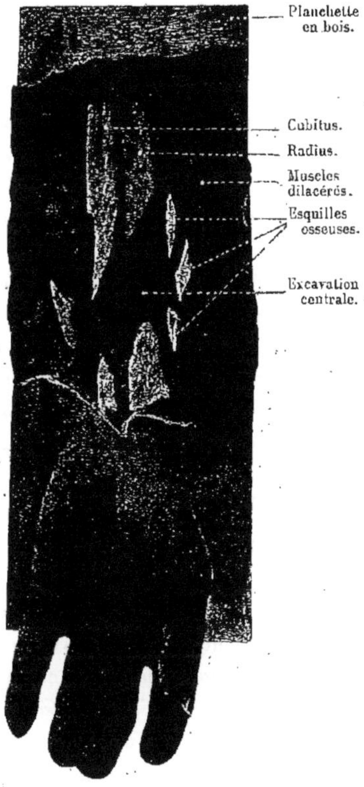

Ces dégâts sont fréquemment notés au niveau des membres



Fig. 45.

Fracas osseux de l'avant-bras gauche par coup de feu à blanc. Amputation immédiate. Guérison. Réforme n° 1 avec retraite.

(Obs. du chasseur M... (page 168).

supérieurs, car *souvent les hommes, dans la station debout, s'appuient sur leurs armes chargées à blanc.*

Dans cette position, un brusque mouvement, ou le moindre heurt avec la pointe du pied fait déclancher la gâchette et fait partir le coup de feu. qui reçu, *à canon touchant*, détermine des lésions très étendues et très graves.

Ainsi, le blessé de *Warnecke* avait la bouche de son fusil, chargé à blanc, appuyée dans le creux de l'aisselle. Le coup partit : vaste éclatement de l'aisselle, longue suppuration, trajets fistuleux intarissables. Un an après l'accident, *résection de la tête humérale et de la cavité glénoïde, forte impotence fonctionnelle. Réforme n° 1, avec une pension de retraite.*

Le blessé de *Dumayne* avait son avant-bras droit appuyé sur la bouche de l'arme chargée à blanc. Le coup partit : éclatement du membre, cône de projection, magma de muscles et d'esquilles osseuses, *tétanos, mort rapide.*

Le blessé de *Sylvestre* reçut lui aussi un coup de feu à blanc, à bout portant, mais un peu obliquement, au niveau de son avant-bras gauche. — Eclatement de la région postérieure de cet avant-bras. — Guérison lente, conservation du membre, mais atrophie et gêne fonctionnelle marquées. — *Réforme n° 1 avec gratification renouvelable.*

Enfin, le chasseur à pied de *Rouyer* avait également l'avant-bras gauche appuyé sur l'extrémité de son fusil. Le coup partit à bout touchant : phénomènes explosifs qui déterminèrent des désordres si graves que notre camarade n'hésita pas à pratiquer, séance tenante, *l'amputation de l'avant-bras. Guérison. Réforme n° 1 avec une pension de retraite.*

La photogravure ci-jointe (fig. 45), établie d'après un cliché fourni par notre excellent camarade Rouyer, montre bien toute l'étendue et la gravité de ces dégâts, qui ont motivé l'amputation immédiate de ce segment de membre.

En somme, les blessures des membres, si graves soient-elles, sont rarement mortelles, « et tout leur intérêt, écrit Legludic, réside dans l'appréciation de leurs conséquences sur les fonctions des membres atteints, du dommage causé et de la réduction de la capacité professionnelle ».

De plus, ces plaies anfractueuses, contuses, avec perte de substance, avec des tissus à la vitalité compromise, sont les nids de prédilection des microbes et exposent à la septicémie, au tétanos traumatique.

Enfin, ces lésions se compliquent à la longue d'atrophies musculaires, de raideurs articulaires; en un mot, d'impotences fonctionnelles marquées, qui motivent généralement une réforme n° 1, avec gratification renouvelable, dans les cas susceptibles de guérison, ou avec une pension de retraite (6ᵉ classe), dans les cas moins heureux.

*
* *

IV. — Au thorax. — Les blessures des parois thoraciques sont plus nombreuses que les plaies pénétrantes ; aussi sont-elles moins souvent suivies de mort que celles de l'abdomen (3 décès sur 8 blessures, *in Statistique de l'Armée française*).

D'ailleurs, dans les cas mortels, le cœur ou les gros vaisseaux de la poitrine sont toujours lésés.

En somme, ces traumatismes sont bénins, quand ils frappent les parois ou la périphérie pulmonaire; ils sont graves, quand ils intéressent les parties centrales (hile, médiastin, aorte, cœur).

Quand, en effet, le cœur ou l'aorte sont lésés ou perforés, la mort est rapide, tandis qu'ailleurs on peut observer une survie assez longue. « La léthalité des plaies cardiaques, dit Lacassagne, varie avec la partie de l'organe atteint. Les blessures du ventricule droit, qui sont les plus fréquentes, sont moins dangereuses que celles du ventricule gauche; les blessures des oreillettes sont les plus graves. »

C'est en raison de ces dangers que les suicidés visent de préférence la région cardiaque, *et c'est, avec le gros orteil du pied droit déchaussé, qu'ils actionnent la gâchette du fusil.*

L'hémomédiastin et l'hémopéricarde sont très graves et le plus

souvent mortels ; l'hémothorax, au contraire, est moins dangereux.

Quant à l'intervention chirurgicale, elle ne présente dans ces
blessures rien de spécial, mais les accidents d'infection sont
encore plus à redouter dans ces plaies anfractueuses, où les
débris de carton peuvent ensemencer si facilement le caillot intra-
thoracique.

Aussi, faut-il être toujours prêt à pratiquer l'empyème, avec
ou sans résection costale, pour éviter la septicémie pleurale.

C'est également à propos de ces plaies pénétrantes de la
poitrine, que nous devons toujours avoir présents à la mémoire
les sages conseils formulés par Lucas-Championnière, dans un
magistral article de son *Journal de Médecine*. (*26 juin 1899.*)

*Immobilisation et traitement sur place.* — Le danger des
plaies perforantes de la poitrine consiste dans une hémorragie
immédiate et dans un ébranlement nerveux très particulier.

Le blessé thoracique est, dit-il, « *en état d'instabilité vitale* » ;
*aussi proscrit-il avec la dernière énergie le transport à dis-
tance, qui est fatal au patient.* Comme preuve, il cite le cas
de ce capitaine qui, après s'être battu en duel et avoir eu le
poumon perforé, fut transporté à l'hôpital militaire voisin, où
il succomba, en arrivant, à une hémorragie foudroyante.

En un mot, le sujet doit être *secouru* et *immobilisé sur place*,
ou le plus près possible de la place à laquelle il a été frappé.

Et pour éviter les chances d'une nouvelle hémorragie, il faut
interdire tous les efforts pour cracher, tousser, parler et même
éviter de le soulever pour l'ausculter.

Il faut prescrire le calme et le repos absolu, faire boire froid
si le malade crache du sang, un peu de champagne s'il vomit et
si la faiblesse s'accentue, injecter 500 grammes de sérum artificiel.

*Pas d'exploration, qui est inutile, inefficace, dangereuse.*

Mais au fait, pourquoi résisterions-nous au plaisir de citer
*in extenso* les conclusions si judicieuses de ce remarquable
travail :

« Les plaies pleuro-pulmonaires mettent en danger la vie par l'hémorragie immédiate et par un ébranlement nerveux très particulier.

La mort rapide peut résulter de ces accidents, si le mouvement les exagère et le moindre mouvement contribue à empirer les hémorragies.

Au contraire, l'immobilité du corps, du larynx, de la bouche même, contribue à arrêter rapidement ces accidents.

Les accidents secondaires et infectieux sont relativement rares, si les plaies ne sont pas infectées par les doigts ou les instruments.

L'abstention systématique et sans transaction est donc le vrai traitement des plaies de poitrine.

Les injections de sérum sont précieuses et celles de morphine peuvent jouer un rôle capital dans le traitement.

Il arrive bien quelquefois que l'hémorragie thoracique ait pour origine un vaisseau relativement important, comme la mammaire interne ou une intercostale.

Dans l'immense majorité des cas, le parenchyme et les vaisseaux du poumon sont les sources de l'hémorragie et toute tentative d'intervention directe a plus d'inconvénients que d'avantages.

L'hémorragie peut ne pas se faire ou peut s'arrêter sous l'influence de certaines précautions.

L'épanchement une fois fait peut et doit se résorber sans accident dans l'immense majorité des cas.

Le premier danger qui menace le sujet est l'hémorragie pleurale et le parenchyme pulmonaire saigne sous tous les efforts, même les moindres.

A l'affaiblissement par la perte de sang, se joint une anxiété respiratoire, qui est le résultat d'une véritable action réflexe sur la plèvre et le poumon irrité. »

De semblables conseils avaient été déjà donnés, en 1817, par Briot, dans son *Histoire de la Chirurgie Militaire*, où il écrivait : « Dans les plaies pénétrantes à la poitrine, il convient toujours *de prescrire le repos et le silence absolus* ; car, pour peu que le malade se meuve ou parle, les poumons obéissent au mouvement, se dilatent et se resserrent plus fréquemment; leurs adhérences se retardent. si elles commencent à s'opérer, se détruisent lorsqu'elles ont lieu et alors surviennent des accidents que l'on n'est pas toujours maître de réprimer. »

En 1895, ces mêmes préceptes ont été repris et développés par Huguet, Pereire et plus tard par Devillers.

Lejars ajoute : « *Rien n'est plus funeste que ces transports à longue distance : l'abri couvert le plus rapproché du terrain sera toujours le meilleur.* » (Chirurgie d'urgence.)

Actuellement donc *l'importance de l'immobilisation précoce et absolue n'est plus à démontrer;* c'est pour ainsi dire un dogme chirurgical. Aussi, dans le cas de Maffre, n'aurait-il pas mieux valu transporter le blessé dans le village voisin que de l'évacuer sur l'hôpital de Limoges, distant de 7 kilomètres, où le blessé arriva « *à l'état de cadavre* » ?

En songeant à ce soldat exsangue et au capitaine blessé en duel, qui succomba à une hémorragie foudroyante en arrivant à l'hôpital, nous nous demandons s'il ne serait pas préférable de *renoncer au transport immédiat de ces blessés intrathoraciques.* L'idéal serait, comme dit Nimier, *de les laisser là où ils sont tombés,* ou encore de les faire transporter avec le plus grand soin au village le plus voisin, à la ferme la plus proche.

Cette décision devrait être prise sans hésitation, au nom de l'expérience et des notions chirurgicales modernes. Personne d'ailleurs ne saurait critiquer cette conduite, à condition toutefois d'en avertir l'autorité militaire, la direction du service de santé et la famille du blessé.

*<br>* *

V. — A l'abdomen. — La paroi abdominale, n'offre qu'une faible résistance aux coups de feu à blanc : aussi le nombre des plaies pénétrantes est bien supérieur à celui des lésions des parties molles. La statistique accuse 8 décès sur 10 blessures intrapéritonéales.

Ces plaies perforantes sont toujours très graves et le plus souvent mortelles, soit *par infection péritonéale rapide*, soit par *hémorragie abdominale, qu'il est impossible d'arrêter.*

Comme nous l'écrivions dans les *Arch. de méd. et de pharm. militaires*, en 1902, à propos de notre blessé splanchnique par coup de feu à blanc :

« L'abdomen, avec sa richesse en vaisseaux sanguins et en plexus nerveux (cerveau abdominal), avec son contenu éminemment septique (tube digestif), avec ses organes splanchniques si hautement vasculaires (foie, rate), avec sa puissante résorption péritonéale, avec ses sécrétions internes (bile, urine), si promptes à s'épancher en plein péritoine, *l'abdomen, on le sait, est la région la plus dangereuse pour les coups de feu pénétrants avec lésions des organes.* »

En outre, le vaste épanchement sanguin, trouvé à l'autopsie de notre blessé *sans rupture de vaisseau important*, confirme le résultat des nombreuses laparotomies faites dans les coups de feu pénétrants de l'abdomen et les recherches expérimentales de Parkes, qui ont prouvé que *le shock était souvent dû aux hémorragies intra-péritonéales, consécutives à des ruptures de vaisseaux* « *de faible calibre.* »

Car, selon la judicieuse remarque de notre camarade, M. le médecin principal Hassler : *Dans la cavité abdominale, les vaisseaux sanguins, même de petit calibre, s'obstruent plus difficilement que dans les autres parties du corps.* Le sang se coagule lentement, il peut s'écouler librement. Il ne survient pas de thrombus périvasculaire qui, par compression, arrête l'hémorragie, si bien que *la lésion d'un vaisseau relativement très petit, peut causer un hémo-abdomen mortel.* »

L'histoire de notre blessé rappelle en tous points celle du soldat de Ledran « qui, en 1725, reçut un coup d'épée au ventre, étant en état d'ivresse. Le malade était dans une faiblesse outrée ; quoiqu'il eût bonne connaissance, il ne daignait pas même parler pour demander ses besoins et il faisait effort pour répondre quand on l'interrogeait.

« A l'autopsie, on trouva que l'épée avait percé l'épiploon, le jejunum, le mésentère et *avait ouvert le rameau de la mésentérique, qui revient de l'S du côlon; — on trouva quatre livres de sang épanché dans l'abdomen.* »

Ledran fait suivre cette nécropsie des réflexions suivantes :

« *C'est l'ouverture de ce petit vaisseau qui a causé sa mort.* L'ouverture d'une grosse artère ou veine aurait provoqué une mort plus prompte, mais *une veine médiocre s'affaisse* et *ne fait presque que baver.* »

« Je crois, dit-il, qu'on doit regarder l'anéantissement dont j'ai parlé comme étant, dans les plaies pénétrantes, *un signe certain de l'ouverture de quelque petit vaisseau, qui sans cesse laisse échapper le sang.* Ce qui arrive tous les jours à propos de la saignée peut confirmer ce que j'avance. S'il arrive une faiblesse à la personne que l'on saigne, je dis faiblesse sans perte de connaissance, *le sang ne fait plus l'arcade et coule le long du bras :* on a beau coucher le malade à plat et tâcher de le ranimer avec ce qu'il y a de plus vif, tout ce que l'on fait est inutile, et la faiblesse subsiste, à moins que l'on n'arrête le sang en mettant le doigt sur l'ouverture ou en bandant le bras. *Il doit en arriver la même chose, lorsqu'il y a dans l'intérieur un petit vaisseau ouvert, qui fournit sans cesse et qu'on ne peut arrêter.* »

En outre, les plaies abdominales dues à de vraies balles ou à des coups d'épée-baïonnette Lebel sont souvent plus bénignes que ces blessures par coups de feu à blanc qui, aux faibles distances, produisent de graves lésions intestinales et des ruptures d'artères principales ou secondaires, capables de saigner « *à blanc* » le blessé.

Enfin, on peut soutenir que, grâce à sa merveilleuse mobilité, *l'intestin grêle est rarement sectionné, car il fuit devant la poussée des gaz.* C'est également l'opinion que soutenait Briot dans son *Histoire de la Chirurgie Militaire :* « *La lésion des intestins grêles a lieu assez rarement.* La surface lisse et polie de ces parties, leur état de vacuité presqu'habituel, leur mobilité font qu'elles évitent aisément l'effet des corps vulnérants dirigés contre elles. La pression qu'occasionne d'abord sur les parois abdominales le corps qui les frappe, les écarte et les éloigne pour ainsi dire de son action. »

Au contraire, *le gros intestin, plus solidement fixé est généralement perforé*, comme nous l'avons constaté à l'autopsie de quelques chiens ou à celle de notre tirailleur tué par un coup de feu à blanc et qui fut trouvé porteur d'une large plaie béante sur le côlon transverse, au niveau de son coude splénique.

*
* *

VI. Au foie. — Parmi tous les organes abdominaux, le foie, par sa superficialité, sa vascularité, son volume, la faible résistance de son parenchyme, est le plus susceptible d'éclater sous l'énergique propulsion des gaz d'un coup de feu à blanc, tiré à courte distance.

Toutes ces conditions physiologiques expliquent la gravité des plaies perforantes du foie. La mort est la conséquence naturelle de ces traumatismes.

Ces blessures sont si rapidement mortelles que les blessés atteignent rarement les premières formations sanitaires des champs de bataille. Il n'y a donc rien d'étonnant que la statistique de la guerre de 1870 ne signale que 93 blessures du foie avec 69 décès, soit 74,2 p. 100 de mortalité, car la plupart de ces blessés hépatiques sont tués sur le coup.

Cependant le pronostic de ces blessures perforantes du foie est moins sombre depuis que, sous le couvert de l'antisepsie moderne, on incise largement ces plaies, on enlève les caillots sanguins, on suture profondément les brèches hépatiques et on tamponne les vastes excavations produites par l'explosion des gaz.

Ainsi en 1900, le stabarzt Stucker a publié l'observation d'une plaie perforante du foie, qui, largement incisée et tamponnée, guérit, malgré une communication secondaire avec l'intestin grêle, trahie par les débris de foie trouvés dans les selles.

Au mois de mars 1906, l'oberarzt Klett signale un nouveau cas de guérison, après intervention opératoire dans une blessure pénétrante du foie, qui nécessita des sutures profondes dans les fissures et un tamponnement à la Mickulicz dans l'excavation centrale.

C'est à propos de ce cas, que notre camarade Klett compulsa les statistiques des armées prussienne et wurtembergeoise (de 1888 à 1902), de l'armée bavaroise (de 1889 à 1900) et de l'armée austro- hongroise (de 1900 à 1902) et voici, d'après ses chiffres, le nombre et le résultat des coups de feu, qui ont intéressé le foie :

1° Par cartouches à balle, 34 blessures hépatiques = 34 morts ;

2° *Par cartouches à blanc, 7 blessures hépatiques = 6 morts* ;

3° Par coups de revolver, 9 blessures hépatiques = 2 morts ;

4° 1 par éclat d'obus, 1 par éclat de mitraille = 2 morts.

De tous ces faits, on peut conclure que *les blessures du foie sont incomparablement les plus dangereuses de toutes les plaies abdominales et que leur guérison est l'exception.*

La gravité de ces plaies ne réside pas tant dans les infections secondaires que dans les hémorragies primitives ou secondaires profuses.

En outre, ajoute Klett, *les blessures du foie dues à des coups de feu à blanc sont toujours d'un pronostic très sombre,* car, dans ces cas-là, les débris de la fausse balle et la poussée des gaz *déterminent des phénomènes explosifs dans cet organe si riche en sang et en lymphe, en y produisant de nombreuses et profondes scissures.*

De plus, le voisinage d'organes importants, tels que l'intestin, l'estomac, le diaphragme exalte la gravité de ces traumatismes.

Enfin, comme la guérison est exceptionnelle, il serait bon, dit Klett, de publier les cas heureux et les moyens thérapeutiques employés.

Chez son blessé, voici quelle fut sa conduite : Notre camarade agrandit largement la blessure existante, sutura profondément le lobe gauche fissuré, fit un tamponnement à la Mickulicz et laissa la plaie béante. — Nombreuses injections de sérum artificiel. — La guérison se poursuivit lentement, malgré une broncho-pneumonie grave.

Ces localisations pulmonaires sont assez fréquentes dans les traumatismes du foie et sont dues, d'après Lubarsch et Zenker, à de petites embolies détachées du parenchyme hépatique lésé.

Ne sait-on pas aussi que Payr et Martina, en expérimentant des sutures très serrées dans le foie de certains animaux, avaient déjà constaté que ce parenchyme, ainsi comprimé, se nécrobiosait facilement et ces bêtes contractaient des broncho-pneumonies mortelles, dues également à des embolies.

Comme conclusions de tout ce chapitre, nous dirons :

1° Le pronostic des traumatismes splanchniques est fatal « *quand la prostration du blessé est très prononcée* » (Ledran-Delorme), ou « *quand sa température reste inférieure à 36°* ». (Redard-Delorme.)

2° Les blessures par coups de feu à blanc sont d'autant plus graves *que l'arme est plus rapprochée du but et que les organes atteints sont d'une complexion anatomique plus délicate.*

*<br>* *

COMPLICATIONS DE CES BLESSURES. — SCEPTICÉMIE. — TÉTANOS

Si les balles métalliques peuvent être regardées comme aseptiques (*Lagarde*), il n'en est plus de même pour les fausses balles, qui introduisent dans ces plaies contuses, irrégulières, anfractueuses, des parcelles de carton imbibé de colle, de matières colorantes, de poudre, de poussière et de sang coagulé

Or, la souillure périphérique de ces faux projectiles est fatale, en raison des nombreuses manipulations qu'ils subissent dans la fabrication, l'emballage et surtout pendant le transport, au cours des manœuvres, dans des cartouchières malpropres.

Aussi, quoi d'étonnant que ces plaies contuses aient une tendance si marquée à la suppuration et aux complications tétaniques ?

Ne savons-nous pas, en effet, que « *nos tissus à l'état normal se défendent contre les invasions microbiennes par le pouvoir antiseptique de la vie* » (*Bryant.*) Mais, quand les cellules constitutives des tissus ont été tuées, ou quand leur vitalité a été affaiblie par une violence mécanique, alors la résistance est

amoindrie : *le terrain ne s'oppose plus efficacement au déve-*
*loppement des agents pathogènes. (Nimier et Laval.)*

« L'extrême irrégularité de ces blessures crée aux microbes,
dit Lejars, une infinité de recoins où ils deviennent presque inac-
cessibles ; l'attrition des tissus, en réduisant plus ou moins leur
vitalité, entrave leurs réactions de défense, et du même coup
prépare le terrain à l'infection. »

Ces plaies contuses sont donc, comme l'a constaté M. le
médecin principal Mathieu, dans ses patientes investigations sur
le tétanos, « un milieu éminemment favorable à son éclosion ».

Or, ce processus morbide, écrit Schjerning, « exceptionnel,
depuis 20 ans, après les blessures par projectiles réels, *est*
*observé assez fréquemment à la suite des traumatismes dus à*
*des tirs à blanc.* »

Et, dans la statistique que ce Médecin Inspecteur Général a
dressée des cas de tétanos, observés depuis 1881 à 1902 dans
l'armée allemande, 34 relèvent de cette origine. Schjerning
note que parmi ces 34 cas, 7 seulement ont guéri ; ce qui
équivaut à une mortalité de 80 p. 100, alors que le tétanos,
dû à une autre cause, présente une mortalité plus faible de
61 p. 100 (*Talayrach. in Arch. méd. milit.*).

Enfin, dans sa monographie, Franz Deubler relate également
20 cas de tétanos mortel, survenus parmi les 267 blessures par
coups de feu à blanc, constatées de 1888 à 1896, dans l'armée
Austro-Hongroise.

Ce capitaine a remarqué que les traumatismes des membres
sont assez souvent compliqués de tétanos, et il ajoute : « Nos
recherches ont abouti à ce résultat parodoxal *que souvent les*
*blessures des parties molles, qui paraissent peu dangereuses*
*et à l'abri de l'infection, se sont compliquées de tétanos mor-*
*tel*, tandis que dans d'autres cas, où la blessure d'un organe
essentiel semblait devoir être rapidement mortelle, on observait
au contraire un prompt *rétablissement.* »

*En France*, le tétanos est aussi parfois noté après les coups de
feu à blanc : c'est là d'ailleurs ce qui assombrit le pronostic de
ces plaies, même quand elles sont légères.

Voici un tableau synthétique des 6 cas de tétanos que nous avons pu relever.

| OBSERVATEURS | RÉGION ATTEINTE<br>Distance<br>de l'arme. | SIÈGE<br>des<br>lésions. | APPARI-<br>TION<br>du<br>tétanos. | DATE<br>DU DÉCÈS<br>après<br>tétanos. | TRAITEMENT |
|---|---|---|---|---|---|
| WARION<br>1892. | Blessure de la face, à 3 m. | Région tempo-rale gauche. | 9e jour | Mort 4e jour. | Traitement de Bac-celli : six injections de 1cgr d'a-cide phé-nique *pro die.* |
| CAILLET et BER-NARD (fusil 1874)<br>1893. | Blessure de la face, de 1 à 3 mètres. | Région fronto-temporo-ma-laire gauche. | 9e jour | Mort 3e jour | Chloral : 8 gr. Bromure : 4 gr. |
| WEIL et MOINEL<br>1893. | Blessure per-forante de la main gauche tenue sur la bouche de l'ar-me. | Cône de pro-jection. Frac-ture des 2e et 3e métacar-piens. | 10e jour | Mort 6e jour | Chloral : 8 gr. Bromure : 4 gr. |
| DUMAYNE<br>1893. | Avant-bras gauche tenu sur la bouche de l'arme. | Cône de projec-tion. Magma de muscles et d'esquilles os-seuses. | 13e jour | Mort 7e jour | Chloral : 8 gr. Bromure : 4 gr. |
| DALPHIN<br>1896. | Blessure lé-gère de la face à 2 m. 50 envi-ron. | Région malaire gauche. (Lé-sion superfi-cielle très bé-nigne). | 7e jour | Mort ra-pide en 1 jour | Bromure et chloral à haute dose. |
| MAFFRE<br>1905. | Blessure du creux axillaire droit, à bout touchant. | Plaie perfo-rante du tho-rax, région la-térale droite. | 5e jour | Mort ra-pide en 1 jour | Bromure et chloral à haute dose. |

Cette fâcheuse complication a fait dire à M. le professeur Nimier : « Quand on songe que ces blessés ont été promptement pansés, on ne saurait dire désinfectés, vu le résultat final, ce n'est pas sans inquiétude que l'on se demande si, en campagne, la pratique de l'antisepsie donnera, à l'égard du tétanos, tout ce que l'on en attend. »

### INFECTION DES PLAIES PAR CARTOUCHES A BLANC

Maintenant demandons-nous, d'où peuvent provenir les bacilles de Nicolaïer, qui trouvent dans ces tissus ainsi traumatisés un terrain si propice.

D'abord, il a été démontré expérimentalement que la déflagration d'une charge de poudre, mélangée artificiellement de germes, ne suffit pas pour les tuer et mettre le blessé à l'abri d'une inoculation.

Vincent et Nimier ont fait dessécher des spores de bacilles du tétanos et des microbes favorisants et les ont mélangés à de la poudre sans fumée. La cartouche à blanc ainsi préparée fut tirée à une distance de $0^m,50$ centimètres sur la cuisse d'un lapin. La plaie fut couverte d'une couche de collodion ; or, l'animal ainsi traumatisé prit le tétanos et en mourut.

Cette expérience montre bien que la combustion ou la déflagration de la poudre sans fumée n'est pas capable de tuer toutes les spores des microbes pathogènes, ni même des microbes favorisants beaucoup moins résistants que les spores tétaniques.

Mais, en général, la poudre sans fumée tout comme la poudre noire ne renferme guère que des germes banals *et le rôle infectieux de cette poudre peut être négligé* (Nimier et Laval).

Consulté par nous sur cette intéressante question, M. le professeur Tavel, pour nous obliger, voulut bien charger un de ses élèves, M. le Dr de Mestral (Lausanne), d'étudier le rôle de l'infection dans les plaies produites par des coups de feu à blanc.

Notre confrère de Mestral se livra, sous la direction de l'éminent chef de l'Institut bactériologique de Berne, à de nombreuses et curieuses expériences sur des lapins, pour déterminer le pouvoir infectieux de ces fausses balles. Ce sont ces résultats qu'il a publiés dans la *Revue médicale de la Suisse Romande*, du 20 février 1905.

A l'exemple de Mesmer, Lagarde, Habart, Tavel, Putoschkin, pour les projectiles de guerre, de Mestral s'est demandé si ces projectiles d'exercice pouvaient transporter des microbes dans les plaies contuses qu'ils déterminent.

Ses expériences lui démontrèrent clairement que ces blessures sont d'autant plus exposées à l'infection, qu'elles sont mâchurées, faites de tissu à vitalité compromise, à protection phagocytaire détruite, vrais foyers d'élection pour les invasions microbiennes, en particulier pour le bacille du tétanos.

D'ailleurs, ne savons-nous pas, d'après Dun, « qu'une quantité de microbes, insuffisante pour produire à elle seule une réaction dans un tissu normal, en produit une lorsque la résistance du tissu est amoindrie par des irritants mécaniques, thermiques ou chimiques. »

Dorst, Strick, Lagarde, etc., ne nous ont-ils pas aussi appris que les *hématomes* sont des bouillons de culture pour les microbes, et Kocher que les corps étrangers, *en particulier les débris vestimentaires*, sont des sources d'infection.

Dans ses tirs sur les cuisses des lapins avec des fausses balles infectées, *de Mestral obtenait surtout du tétanos, quand il ne désinfectait pas et qu'il ne rasait pas la cuisse des animaux en expérience.*

Aussi, après ses nombreux essais, il arriva à cette conclusion « que l'infection produite par les cartouches d'exercice est plus dangereuse que l'infection par les projectiles de guerre, à cause des portes d'entrée plus nombreuses et plus irrégulières qu'elles entraînent à leur suite. »

En Allemagne, frappé par le nombre croissant des cas de tétanos, consécutifs à ces coups de feu à blanc, le Médecin Inspecteur Général Schjerning ordonna de faire des recherches bactériologiques, afin de déterminer exactement quels sont les éléments de ces cartouches à blanc, qui sont capables d'infecter ainsi ces plaies.

Les expérimentateurs incriminèrent tout d'abord le bois des

fausses balles, se rappelant que de simples échardes peuvent produire le tétanos, mais leurs recherches restèrent stériles.

Alors leurs soupçons se tournèrent vers les bourres de carton : *Musehold*, de Strasbourg, examina 35 cartouches à blanc de différentes années. Dans 20 cas, c'est-à-dire dans 54 p. 100, il put isoler des bacilles de Nicolaïer dans ces rondelles de carton. *Lösener*, à Königsberg, arriva aux mêmes résultats, qui furent confirmés par Bischoff, au laboratoire de la Kaiser Wilhems Académie.

« La contamination par le carton, écrit *Bischoff*, s'explique aisément par le fait que les diverses manipulations auxquelles on soumet les chiffons pour la fabrication du carton ne sont suivies d'aucune sorte de stérilisation. La température de la préparation favorise plutôt la manipulation des germes contenus dans la pâte de chiffons, et, tandis que les aérobies pures végètent en absorbant l'oxygène de la masse, les bacilles du tétanos, anaérobies, trouvent dans cette soustraction de l'oxygène une condition favorable à leur développement. »

Pour isoler, dans les sécrétions de souris mortes du tétanos, les bacilles de Nicolaïer, Bischoff utilisa l'appareil d'Altmann, qui permet une anaérobiose absolue, tandis que Schardinger, en 1897 (*Wien. Klin. Wochenschrift*), n'avait pas réussi à déceler à l'examen bactériologique des germes du tétanos dans le carton des fausses balles par le procédé de Kitasato.

Enfin, ces expérimentateurs démontrèrent que la seule garantie contre l'infection, toujours possible dans ces plaies contuses, est offerte par la stérilisation minutieuse du carton. Placé pendant cinq ou dix minutes dans un autoclave à 120°, le carton dissocié ne peut plus ensemencer des bouillons de culture. *Aussi, après ces expériences, il a été décidé en Allemagne, que le carton employé à la cartoucherie de Spandau ne serait plus reçu que stérilisé, après son passage dans des étuves spéciales.*

Grâce à ces précautions, le Médecin Inspecteur général Schjerning espère bien qu'à l'avenir le tétanos compliquera moins souvent les traumatismes par les coups de feu à blanc.

De semblables mesures avaient été également prises, en Autriche, par la Commission technique militaire, qui avait été chargée d'étudier les dangers de leurs cartouches à fausse balle.

Voici les moyens prophylactiques édictés par les membres de cette commission :

1° Stériliser toutes les substances employées à la fabrication de ces cartouches d'exercice, en les soumettant à une température assez élevée pour détruire tous les germes pathogènes, qu'elles peuvent contenir.

2° Eviter soigneusement de souiller ces fausses balles.

3° Les empaqueter avec soin et les conserver à l'abri des poussières.

« Grâce à ces mesures prophylactiqnes, ajoute Deubler, le danger de ces blessures a sensiblement diminué dans notre armée et a réduit d'une façon notable les chances d'infection, ainsi que les autres complications de ces plaies. »

*En résumé, ces découvertes scientifiques montrent la nécessité de stériliser toutes les parties constitutives de ces cartouches à blanc, en particulier le carton, dans lequel on peut, grâce à l'appareil d'Altmann, isoler si facilement le bacille de Nicolaïer.*

*⁎<br>⁎ ⁎*

### Pronostic et traitement

Pronostic. — Selon la région atteinte, selon la distance et la direction de l'arme, la gravité de ces plaies varie beaucoup.

*A moins de 50 centimètres,* les blessures sont très graves, parfois mortelles ; *au delà de cette distance,* les lésions. sont moins sérieuses, surtout si elles n'intéressent pas les yeux.

Leur pronostic est donc variable : celui des plaies pénétrantes est toujours sombre ; celui des plaies non pénétrantes doit être réservé, car n'avons-nous pas entendu Franz Deubler nous dire que « *la majorité des cas de tétanos survenus après ces blessures ont apparu à la suite de traumatismes légers.* »

« En somme, le pronostic de ces blessures, dit Stoyanoff, doit être réservé, *car si le tétanos n'est pas la complication nécessaire, il est tout au moins la complication possible. ».*

TRAITEMENT. — Ces traumatismes ne tirent pas seulement leur gravité des délabrements que la fausse balle peut occasionner dans les organes ou les tissus, mais surtout de l'infection possible par les débris de carton qui s'y incrustent. Aussi, est-il indiqué de régulariser, de simplifier la plaie et de désinfecter soigneusement le foyer par des lavages copieux et répétés, à l'eau stérilisée chaude.

*L'eau oxygénée* est très utile dans ces plaies anfractueuses, car selon Honsell « le brassage des sécrétions de la plaie, qui succède au dégagement et à l'irruption de milliers de bulles gazeuses, devient une sorte de procédé tout spécial de détersion intime et profond ».

Un excellent moyen pour cautériser ces blessures suspectes, c'est de les badigeonner, comme le préconise Lardy, avec la teinture d'iode ou une solution de trichlorure d'iode à 1 ou 2 p. 100.

A ce dernier mélange on peut substituer la solution iodoiodurée de Gram : ces deux solutions ont d'ailleurs été employées par Behring et Kitasato dans leurs premiers essais d'immunisation des animaux contre la toxine.

Enfin, *l'injection préventive du sérum antitétanique devrait, comme dit Lejars, « passer en règle constante dans le traitement de ces plaies par fausses balles toujours suspectes ».*

Quoique l'action de ce sérum soit surtout efficace comme préventif, son action curative en cours d'évolution morbide ne doit pas être négligée, car il est indéniable qu'il a quelque action sur les toxines secrétées.

D'ailleurs, pourquoi ne pas s'en servir, puisque son innocuité semble absolue (*Schwartz, Roux,* etc.)

Quand le tétanos est confirmé, il faut mettre le malade à l'abri de toutes les excitations extérieures par l'isolement, l'obscurité, le silence, la chaleur, l'enveloppement ouaté et lui administrer le chloral, la morphine à hautes doses (12 grammes de chloral) ; 2 centigrammes de morphine). Sahli conseille de varier les narcotiques.

L'excision ou l'amputation du foyer d'infection peut être pratiquée, quand cette intervention est facile (doigts) et cela, dès le début des accidents, pour supprimer « *le laboratoire du poison* ». (Cas de Berger, Ferraton, Le Roy des Barres, etc.).

Les injections de bichlorure de mercure ou d'acide phénique recommandées par Baccelli ont réussi dans les mains d'Audet et échoué dans celles de Warion. Ce traitement interne peut être tenté.

Enfin, avec Lardy et Sahli (*Revue de chirurgie* 1896), il faut chercher à augmenter la diurèse pour neutraliser les effets de la toxine et en favoriser l'élimination. Dans ce but, il faut faire absorber au blessé des liquides en grande quantité par la bouche, le rectum, la voie sous-cutanée et même intra-veineuse, (*lavage du sang*).

# CONCLUSIONS

De tous ces faits cliniques, de tous ces tirs exécutés sur différentes cibles, nous pouvons tirer les déductions suivantes :

1° Aux faibles distances, la déflagration de la poudre de ces cartouches à fausse balle produit l'effet d'un véritable projectile-air (orifice d'entrée circulaire, à l'emporte-pièce, comme sur les courges) ;

2° La gerbe des gaz reste bien groupée jusqu'à 15 centimètres environ, puis va en s'élargissant et en perdant rapidement de sa force de pénétration ;

3° La profondeur des perforations produites sur les diverses cibles est inversement proportionnelle à la distance de la bouche de l'arme ;

4° Entre 30 et 40 centimètres, il y a là une véritable ligne de démarcation entre l'action perforante centrale et l'action contondante, qui la remplace et qui est caractérisée par un semis de perforations parcellaires isolées et d'autant moins groupées que la bouche du canon s'éloigne davantage de la cible.

En somme, l'action vulnérante de ces projectiles gazeux pourrait être ainsi résumée :

*De 0 à 15 centimètres.* — L'action perforante centrale domine (lésions en forme de tunnel, à bords taillés à pic, provoquant des blessures très graves ou mortelles.)

*De 15 à 35 centimètres.* — L'action perforante centrale domine encore, mais la zone contuse périphérique s'élargit.

(Lésions en forme d'entonnoir assez évasé, provoquant des blessures graves.)

*De 40 à 60 centimètres.* — La zone perforante centrale n'existe plus : elle est remplacée par une large zone contuse avec perforations parcellaires disséminées. (Blessures moins graves, sauf pour les yeux.)

*De 75 centimètres à 3 mètres.* — Lésions superficielles ; quelques grains frappent sans ordre le but. (Blessures légères, sauf pour les yeux.)

Au point de vue du danger professionnel, on peut ainsi établir dans ce cône de projection de la gerbe des gaz et des minuscules projectiles de carton, 4 zones dangereuses de gravité décroissante :

I. — ZONE TRÈS DANGEREUSE | | | II. — ZONE DANGEREUSE

Action perforante. (Lésions à bords taillés à pic.) | Action perforante centrale. Action contondante périphérique. (Lésions en forme d'entonnoir.) | Ligne de démarcation entre action perforante et action contondante. | Plus de zone perforante centrale. Action contondante avec perforations parcellaires disséminées.

Blessures mortelles. — Blessures très graves. — Blessures graves.

|————————————————————————————————————————|
0 c      15 c      30 c    40 c      60 c

III. — ZONE ASSEZ DANGEREUSE | IV. — ZONE FAIBLEMENT DANGEREUSE sauf pour les organes délicats (œil, etc.).

Semis d'érosions superficielles. Incrustation de parcelles de carton bien visibles à l'œil nu. | Quelques grains disséminés, bien visibles sur les courges à cause de la transsudation séreuse produite par ces légers traumatismes.

Blessures moins graves sauf pour les yeux.

|————————————|————————————————————————|
60 c      1 m        2 et 3 m

En résumé, le pronostic de ces traumatismes est d'autant plus sombre *que l'arme est plus rapprochée du but* et que *les organes atteints sont d'une complexion anatomique plus délicate.*

*<br>* *

Aussi, de ces faits expérimentaux, de ces blessures graves, parfois mortelles, de ces impotences fonctionnelles qui en sont la fatale rançon, de ces complications redoutables qui peuvent survenir (septicémie, tétanos traumatique), se dégagent les préceptes suivants :

1° Comme le prescrit le Règlement, il faut éviter les corps-à-corps dans les manœuvres à double action, « *cesser le feu quand les deux partis se trouvent à 100 mètres l'un de l'autre* » et passer une inspection minutieuse des armes et des cartouchières « *avant et après chacun de ces exercices* » (Prescription ministérielle du 9 avril 1901) ;

2° Surtout, il faut attirer l'attention des hommes sur les effets vulnérants, mortels même de ces cartouches à fausses balles, tirées aux courtes distances, *car en général les soldats croient que les tirs à blanc sont sans danger.*

3° Aux éclaireurs, qui, dans le feu de l'action, sont trop souvent portés à affirmer la prise de possession d'un ennemi surpris en embuscade, en faisant feu sur lui, il faut, à chaque exercice de service en campagne, leur recommander la prudence et leur *donner la consigne formelle de ne pas tirer, en cas de rencontre inopinée.*

Ces prudentes recommandations doivent également être faites aux hommes avant chaque manœuvre de nuit ou à travers bois.

4° En montrant aux soldats les dangers de ces tirs à blanc, en les forçant dans toutes les circonstances de leur vie militaire à manier prudemment leur arme, on évitera ainsi de nombreux accidents et d'inqualifiables gamineries.

5° Tout blessé par coup de feu à blanc devrait immédiatement recevoir une injection de sérum antitétanique, *car le tétanos est le spectre de ces traumatismes.*

6° Au point de vue de l'infection, ces blessures par fausses balles sont plus graves que celles produites par de vraies balles, en raison de la contusion et des nombreuses portes ouvertes à la septicémie.

7° Pour éviter les accidents septiques et tétaniques, il serait indispensable de stériliser le carton de ces fausses balles.

8° Les cartouches à blanc, non tirées dans une manœuvre, devraient être soigneusement « versées », pour ne pas être confondues le lendemain avec *les fausses balles en bois,* utilisées dans les tirs d'instruction.

9° Il faut éviter de jeter, de laisser tomber dans le feu des cartouches à blanc, ou de percuter leur amorce à l'air libre, car ces étuis éclatent et leurs fragments provoquent de nombreuses plaies anfractueuses.

10° Sur les vêtements, les fausses balles déterminent de vastes déchirures ou de larges pertes de substance, comme n'en produisent jamais les vraies balles.

11° Les cartouches à blanc peuvent lancer des balles métalliques, mais dans ces cas-là les étuis présentent soit une dilatation de leur rainure de sertissage, soit des dépressions verticales de l'étui, soit des incrustations irrégulières de carton fragmenté et comburé.

12° Sans la fausse balle, ces cartouches à blanc peuvent encore, à bout touchant, provoquer des lésions très graves et même la mort.

13° Les essais entrepris jusqu'ici pour rendre inoffensifs ces projectiles d'exercice, ont tous échoué, car aux courtes distances, la poudre seule, en déflagrant dans un canon, peut produire des lésions mortelles.

14° Enfin, *les accidents du passé doivent être une leçon pour l'avenir*; aussi, il ne faut plus que, *par ignorance,* les soldats puissent commettre de si regrettables imprudences.

* * *

En résumé, dans l'armée comme dans les autres métiers, *la prudence est la meilleure sauvegarde des accidents, des blessures professionnelles.*

Aussi, engageons sans cesse les jeunes soldats à être prudents, surtout quand ils manient les armes à feu toujours dangereuses, même quand elles sont chargées « *à blanc* ».

Et pour terminer, nous rappellerons ici la parole si vraie de Louis Mareschal, comte de Bièvre, fils du premier chirurgien du Grand-Roi, qui disait un jour : « *Il n'est pas moins utile à l'État de détruire ses ennemis, que de conserver ses sujets ou ses défenseurs* ».

# INDEX BIBLIOGRAPHIQUE SPÉCIAL


## 1. — OBSERVATIONS DE BLESSURES PAR COUPS DE FEU A BLANC

NIMIER, *Arch. de Méd. et de Phar. militaires*, 1894, t. XXIII.

DUPEYRON, *Arch. de Méd. et de Phar. militaires*, 1895, t. XXV.

BERGASSE, *Arch. de Méd. et de Phar. militaires*, 1896, t. XXVII.

ANNEQUIN, *Arch. de Méd. et de Phar. militaires*, 1896, t. XXVIII.

CHUPIN, *Arch. de Méd. et de Phar. militaires*, 1897, t. XXIX.

BAZIN et LIGOUZAT, *Arch. de Méd. et de Phar. militaires*, 1897, t. XXIX.

BOPPE, *Arch. de Méd. et de Phar. militaires*, 1897, t. XXIX.

CHAVIER. *Arch. de Méd. et de Phar. militaires*, 1898, t. XXXI.

FRILET, *Arch. de Méd. et de Phar. militaires*, 1898, t. XXXI.

VINSAC, *Arch. de Méd. et de Phar. militaires*, 1901, t. XXXVII.

MAFFRE, *Arch. de Méd. et de Phar. militaires*, 1902, t. XXXIX.

BONNETTE, *Arch. de Méd. et de Phar. militaires*, 1802, t. XL.

LE GUELINEL DE LIGNEROLLES, *Arch. de Méd. et de Phar. militaires*, t. XLII.

FRILET, *Arch. de Méd. et de Phar. militaires*, 1904, t. XLIII.

MAFFRE, *Arch. de Méd. et de Phar. militaires*, 1906, t. XLV.

ATKINSON. — The effet of blank cartridges on tissues (*The Lancet*, London), 1892.

PHILOUZE. — Coups de feu sans projectiles des armes de poche (Thèse de Paris), 1897.

LEFORT (René). — Plaies de l'abdomen par coups de feu à blanc (*Revue de Gynécologie*, Paris), 1897.

ROBERT. — Discussion du rapport de M. le professeur Michaux (*Bulletin et Mémoire de la Société de Chirurgie*), 1897.

ZIMMERMAN. — Ueber einen primär tödtlichen Brustchuss veranlart durch den Papierpropf eines Exercier patrone (*Wien. Klin. Wochenschrift*), 1897.

FRANZ DEUBLER. — Verwundungsfähigkeit der exerciser-schüsse, noch amtlichen quellen bearbeitet, 1897.

DE PRADEL. — Blessures graves par armes à feu chargées de cartouches à blanc (*France médicale*), 1898.

TOUSSAINT. — Eclatement de la boîte crânienne par la compression de l'air (*Revue médicale de l'Est*), 1899.

Nimier et Laval. — Les-explosifs, les poudres, les projectiles d'exercice 1899.

Stoyanoff. — Les projectiles d'exercice (cartouches à blanc) des fusils de guerre à petit calibre. (Thèse de Nancy 1900.)

Eymeri. — Blessure perforante de la main droite par une cartouche à blanc (*Limousin médical*), 1901.

Van Ex. — Coup de feu de la région pariétale droite par une cartouche à blanc (*Archives de Médecine militaire belge*), 1902.

Dauthuile. — Perforation de la paupière supérieure droite (*Caducée*), 1903.

Norsk tidsskrift for Militörmedicin, 1897.

Helbig. — Verbrembare blindgeschosse fur Platzpatronen, 1897.

Walter Henne. — Die Schussverletzungen durch die Schweizerischen Militar-Gewehre 1880-1900. (Thèse de Bàle 1900).

Stuckert, stabarzt. — Ein Beitrag zu den Schussverletzungen der Leber. — *Deutsche Militar. Zeitschrift*, 1900.

Nimier. — Les blessures du crâne et de l'encéphale, Paris 1900.

Legludic. — Les blessures au point de vue medico-légal. Masson, Paris, 1904.

De Mestral. — Des effets vulnérants et de l'infection par les cartouches d'exercice à fausses balles de bois. (*Revue médicale de la Suisse Romande*, 1905).

Klett, oberarzt. — Schussverletzung der Leber durch Platzpatronen 1906 (février). — *Deutsche Militar. Zeitschrift*.

Francke, stabarzt. — Ein fall von Platzpatronen Wasserschufsverlatzung des Schädels und Stirhirns 1906 (Mars). — *Deutsche Militar. Zeitschrift*.

# TABLE DES MATIÈRES



## CHAPITRE I



## CHAPITRE II

### DESCRIPTION DES CARTOUCHES A BLANC
### DES DIVERSES PUISSANCES

## CHAPITRE III

# CHAPITRE IV




# CHAPITRE V

## DANGERS DES TIRS A BLANC DE L'ARTILLERIE




# CHAPITRE VI

## CONSIDÉRATIONS GÉNÉRALES SUR LES BLESSURES
## PAR COUPS DE FEU A BLANC, SELON LEUR SIÈGE ANATOMIQUE

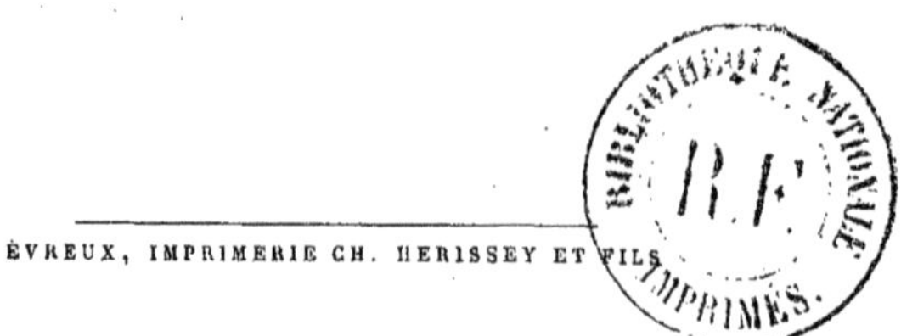

ÉVREUX, IMPRIMERIE CH. HERISSEY ET FILS

# A. MALOINE, Editeur

25-27, RUE DE L'ÉCOLE DE MÉDECINE, 25-27, PARIS

BONNETTE. **Le coup de chaleur** dans les pays tempérés, sa fréquence dans l'armée, causes, prophylaxie, traitement, in-8, 1905 . 2 fr. 50

BARTHÉLEMY, Médecin-Major, **Examens de l'œil**, au point de vue de l'aptitude au service militaire, in-18 cart., avec figures, 1903. . 5 fr.

BARTHÉLEMY, Médecin-Major, et Capitaine EYCHÈNE, du 24ᵉ bataillon de chasseurs à pied, **Sac lombaire et allégé**. Du chargement du fantassin, ses rapports avec le développement de la tuberculose dans l'infanterie ; nécessité d'adopter le chargemeut lombaire et d'alléger le poids du sac et de l'équipement militaire. Moyen d'y parvenir, in-8, 1904, avec 17 figures. . . . . . . . . . . . . . . . . . . 2 fr.

BAUDOUIN. **Hygiène militaire**. La question du roule-sac devant l'opinion, in-8. 1906 . . . . . . . . . . . . . . . . . . . . . . 1 fr.

BERDAL, médecin de consultation à l'hôpital Saint-Louis. **Traité pratique des maladies vénériennes.**

Tome I. Affections blennorragiques. Ulcérations vénériennes non syphilitiques. Affections paravénériennes. Préface du Dʳ Tenneson, médecin de l'hôpital Saint-Louis, in-8, 2ᵉ édition, 1906, avec fig. et 7 pl. en couleurs. . . . . . . . . . . . . . . . . . . . . 10 fr.

Tome II. **Traité pratique de la syphilis**, avec 58 simili-gravures et 18 pl., dont 17 en couleurs, in-8, 1902 . . . . . . . . . . . 15 fr.

CAMPÉANO. **Essai de psychologie militaire** individuelle et collective avec une préface de M. Ribot, in-18, 1902 . . . . . . . . . 3 fr.

CHATELAIN (E.). **Précis iconographique des maladies de la peau**, ouvrage accompagné de **50 planches en couleurs**, reproduites d'après nature, par Félix Méheux, dessinateur des services de l'hôpital Saint-Louis, fort vol., in-8, cart., 3ᵉ éd., entièrement refondue, 1904. 15 fr.

CLERC, médecin aide-major de 1ʳᵉ classe. **Guide du gradé** chargé des détails d'une infirmerie régimentaire, in-18, 1904. . . . . . . 1 fr.

CHAVIGNY. **Aide-mémoire thérapeutique du médecin militaire** avec préface de M. Léon Colin, 1898. . . . . . . . . . . . 2 fr.

DURAND. **Certificats médicaux dans l'armée**, in-18, cart., 3ᵉ édit. 1902. . . . . . . . . . . . . . . . . . . . . . . . . . . 5 fr.

ICARD. **Le signe de la mort réelle en l'absence du médecin**, l constatation et le certificat automatique des décès. (Procédé de la réaction sulfhydrique). Moyen simple, infaillible, à la portée de tous pour éviter le danger de la mort apparente à la campagne, in-18, 292 pages, avec fig. . . . . . . . . . . . . . . . . . . . . 4 fr.

ICARD. **Le danger de la mort apparente sur les champs de bataille**. Moyen de détermination, in-18, 1905. . . . . . . . . . . . 2 fr. 50

MATIGNON. **Superstition, crime et misère en Chine**, in-8, 4ᵉ édit., 1902, 80 fig. . . . . . . . . . . . . . . . . . . . . . . 6 fr.

MAUVIEZ. **Le Paludisme à Diégo-Suarez et à Touggourt**. In-8. Préface de M. le Dʳ Bonnette, 11 fig., 1905. . . . . . . . 3 fr. 50

MENIER. **Traité des maladies du nez**. Introd. de M. le Professeur S. Duplay. Préface de M. le Dʳ Castex, in-18, 1906, cart., 660 pages avec 178 fig. . . . . . . . . . . . . . . . . . . . . . . 12 fr.

PILLET. **Guide clinique des Praticiens pour les principales maladies des voies urinaires** (Interrogatoire, exploration, traitement) (préface de M. le Pʳ Guyon). in-18, 1906, 11 pl. et 40 fig. . . . 4 fr.

SAGRANDI. **Guide professionnel et technique** à l'usage des **membres** des **sociétés d'assistance** aux malades et blessés des **armées** de terre et de mer, in-18 avec 31 fig., 1903. . . . . . . . . . . 4 fr.

ÉVREUX, IMPRIMERIE CH. HÉRISSEY ET FILS